江苏省医药类院校信息技术系列教材
江苏省卓越医师药师（工程师）系列教材

U0150845

新编大学计算机信息技术教程

（第 4 版）

主　编　印志鸿　白云璐
主　审　周金海
副主编　金玉琴　翟双灿　张幸华
　　　　高治国　桑路路　贾徐庆
编　委　董海艳　郑晓梅　王　珍
　　　　张卫明　张　季　王瑞娟
　　　　佘侃侃　鲍铁男　陈　静

南京大学出版社

内容提要

本教材是在教育部高等学校医药类计算机基础课程教学指导分委员会的指导下,以《高等学校医药类计算机基础课程教学基本要求及实施方案》为依据,涵盖计算机等级考试相关考点,结合医药类院校的实际教学情况而组织编写的。

全书共分7章,包括信息技术与计算思维、计算机组成原理、计算机软件、计算机网络、数字媒体及应用、信息系统与数据库以及医院信息系统。本书编写的宗旨是使读者较全面、系统地了解计算机基础知识,具备计算机实际应用能力,并能在各自的专业领域自觉地应用计算机进行学习与研究。本次改版主要对一些知识点进行了更新,在第一章增加了计算思维部分,在第三章增加算法和数据结构的讲解。

本书在内容组织上,不但涵盖了计算机等级考试要求的相关知识,而且还加入了信息技术在医药行业实际应用的知识和案例,为医药类专业学生将信息技术与专业知识更好地融合打下了坚实的基础。本书可以作为医药类高等院校各专业及护校各专业的大学计算机信息技术课程的教材,也可作为医药类研究生计算机应用基础课程的参考教材,还可供医院医护人员、制药企业职工进行计算机知识能力培训时使用。

图书在版编目(CIP)数据

新编大学计算机信息技术教程 / 印志鸿,白云璐主编. —4版. —南京:南京大学出版社,2022.6(2023.2重印)
江苏省医药类院校信息技术系列教材
ISBN 978 - 7 - 305 - 25787 - 2

Ⅰ.①新… Ⅱ.①印…②白… Ⅲ.①电子计算机—医学院校—教材 Ⅳ.①TP3

中国版本图书馆 CIP 数据核字(2022)第 089115 号

出版发行 南京大学出版社
社　　址 南京市汉口路 22 号　　邮　　编　210093
出 版 人 金鑫荣
书　　名 新编大学计算机信息技术教程
主　　编 印志鸿　白云璐
责任编辑 苗庆松　　　　　　　编辑热线　025 - 83592655
照　　排 南京开卷文化传媒有限公司
印　　刷 常州市武进第三印刷有限公司
开　　本 787×1092　1/16　印张 12.25　字数 320 千
版　　次 2022 年 6 月第 4 版　2023 年 2 月第 2 次印刷
ISBN　978 - 7 - 305 - 25787 - 2
定　　价 36.80 元

网　　址:http://www.njupco.com
官方微博:http://weibo.com/njupco
官方微信:njupress
销售咨询热线:025 - 83594756

前　言

本教材为江苏省医药类院校信息技术系列课程规划教材,是在教育部高等学校医药类计算机基础课程教学指导分委员会的指导下,以《高等学校医药类计算机基础课程教学基本要求及实施方案》为依据,结合医药类院校的实际教学情况而组织编写的。

本教材是针对医药类院校中非计算机专业"大学信息技术基础"课程的教学而编写的理论教材,旨在让读者较系统全面地了解计算机基础知识,具备计算机实际应用能力,并能在各自的专业领域自觉地运用计算机进行学习与研究。

本书在内容组织上,不但涵盖了计算机等级考试要求的相关知识,而且还加入了信息技术在医药行业实际应用的知识和案例,为医药类专业学生将信息技术与专业知识更好地融合打下了坚实的基础。

在讲解计算机基础知识的同时,融入医学相关内容是本书的一大特色,如在计算机组成原理部分加入医疗仪器原理介绍,在书中增加了医院信息系统章节,让学生能更好地和专业相结合,为今后的学习和工作提供便利。

本书概念讲解清晰翔实、原理阐述简单明白、案例组织新颖实用。全书共 7 章,包括信息技术与计算思维、计算机组成原理、计算机软件、计算机网络、数字媒体及应用、信息系统与数据库、医院信息系统等。

本书由多年从事计算机基础课程教学、具有丰富教学实践经验的教师集体编写,本书提供配套的实验教材(《新编大学计算机信息技术实践教程(第 4 版)》(978 - 7 - 305 - 23917 - 5),南京大学出版社,2021 年 1 月出版)和 PPT 教学课件等。

本书在前一版的基础上针对相关技术的发展做了修订,全书整体结构不变,由印志鸿、白云璐主编,一并负责全书的整体策划及统稿;金玉琴、翟双灿、张幸华、高治国、桑路路、贾徐庆等任副主编,董海艳、郑晓梅、王珍、张卫明、张季、王瑞娟、佘侃侃、鲍铁男、陈静等任编委。本套教材由周金海教授担任顾问并主审。

本书在编写过程中得到了编者所在学校各级领导及专家的大力支持和帮助,编写过程中也参阅了大量的书籍与网络资源,书后仅列出主要参考资料,在此一并表示感谢。由于时间仓促,加上编者水平有限,书中难免有不妥之处,敬请读者批评指正。编者 E-mail:yinzhihong_nj@126.com。

编　者

2022 年 2 月于南京

目　录

第 1 章 信息技术与计算思维

1.1 信息与信息技术

信息时代,人们通过获得和识别自然界和社会的各种信息来区别不同的事物,才得以认识和改造世界。在一切通信和控制系统中,信息是一种普遍联系的形式。信息与传统的物质和能量一样,已成为组成现代信息社会的一个关键要素,它正在改变人们的生存环境和生活方式。

1.1.1 信息的定义与特征

现实世界中每时每刻都在产生大量的信息,但信息需要用一定形式表述出来才能被记载、传递和应用。这就要求人们必须使用一组符号及其组合来对信息进行表示,通常称之为数据。在计算机领域中,数据的含义非常广泛,它包括数值、文字、语音、图形和图像等反映各类信息的可鉴别的符号。

信息究竟是什么?作为一个严谨的科学术语,信息的定义却不存在一个统一的观点,这是由它的极端复杂性决定的。信息的表现形式数不胜数:声音、图片、温度、体积、颜色……信息的分类也不计其数:电子信息、财经信息、天气信息、生物信息……信息论的创始人香农(Claude Elwood Shannon)对信息作了如下的定义:信息是用来消除某种不确定性的东西。现代控制论创始人维纳认为:信息就是信息,不是物质,也不是能量。经济管理学家认为:信息是提供决策的有效数据。李宗荣教授在他的《医学信息学导论》一书中指出:任何一个有目的的系统,都必然是材料、能量和信息的和谐结合,材料构成系统的形成,能量产生运转的活力,信息是指挥系统动作的灵魂。信息是事物的属性及内在联系的表征。

国际标准化组织(International Standards Organization, ISO)对信息的定义是:信息是对人有用的数据,这些数据将可能影响到人们的行为与决策。ISO 对数据的定义是:数据是对事实、概念或指令的一种特殊的表达形式,这种特殊的表达形式可以用人工的方式或者自动化的装置进行通信、翻译转换或者加工处理。根据这一定义,日常生活中的数值、文字、图像、声音、动画、影像等都是数据,因为它们都能承载信息——有用的数据,它们均可以通过人工的方式(或计算机)进行处理。总的来说,数据是把客观事物记录下来的、可以鉴别的符号。其特点是数据经过处理仍然是数据,数据是信息的基础,经过解释才有意义。

信息的主要特征有:普遍性、动态性、时效性、多样性、可传递性、可共享性和快速增长性等。

当今人类正处于信息爆炸的时代,随着信息技术的高速发展,人们积累的数据量急剧增长。在这样的时代,为了有效地管理这些数据,为了从浩瀚的数据海洋中及时发现有用的信息,提高信息利用率,使数据能真正为人们的决策生成和战略预测服务,一个新的研究方向——计算机数据挖掘和知识发现技术应运而生。

在数据量成几何倍数增加的情况下,大数据和云计算成为当今研究的热点。大数据(big data,mega data),或称巨量资料,指的是需要新处理模式才能具有更强的决策力、洞察力和流程优化能力的海量、高增长率和多样化的信息资产。大数据在医疗方面的应用前景是广阔的,它能让更多的创业者更方便地开发产品,比如通过社交网络来收集数据的健康类App。也许未来数年后,它们收集的数据能让医生给你的诊断变得更为精确,比方说不是通用的成人每日三次一次一片,而是通过检测血液中药剂的代谢情况来自动提醒患者服药。

总之,数据是信息的源泉,信息是知识的基础。这些概念都是相对的,例如,护士测量到的患者体温为 39 ℃,这对急诊室来讲是允许挂急诊号的信息,但对处理急诊的临床医生来讲,体温 39 ℃仅是医生处理患者信息中的一个数据。再如,一张化验报告,对化验室来讲是经过数据处理后获得的信息,对临床医生来讲是分析疾病的数据。同样,在知识挖掘的过程中,又将已经积累的许多知识视为数据。

1.1.2　信息技术与信息技术产业

信息技术(Information Technology, IT)是主要用于管理和处理信息所采用的各种技术的总称,是用来扩展人们信息器官功能、协助人们更有效地进行信息处理的一类技术。人的信息器官系统包括感觉器官、神经网络、大脑以及效应器官,主要用于信息的获取、传递、处理及反馈。因此,信息技术主要包括信息的获取、存储、传输及控制等方面的技术,是所有高新科技的基础和核心。基本的信息技术包括以下 4 种:

(1) 扩展感觉器官功能的感知(即获取)与识别技术。

(2) 扩展神经系统功能的通信技术。

(3) 扩展大脑功能的计算(即处理)与存储技术。

(4) 扩展效应器官功能的控制与显示技术。

20 世纪以来,现代信息技术取得了突飞猛进的发展,在扩展人类信息器官功能方面取得了杰出的成果,极大地拓展了人类的信息技术水平。雷达、卫星遥感、电话、通信技术、计算机、因特网等产品的问世,代表了人类正在积极地向信息化、智能化社会迈进。

信息技术产业是一门新兴的产业。它建立在现代科学理论和科学技术基础之上,采用了先进的理论和通信技术,是一门带有高科技性质的服务性产业。从 20 世纪 90 年代末开始,人类正走进以信息技术为核心的知识经济时代,信息资源已成为与材料、能源同等重要的战略资源。信息技术正在积极地与传统产业结合,通过它的活动使经济信息的传递更加及时、准确、全面,有利于各产业提高劳动生产率和对传统产业进行改造。信息技术还催生了许多新兴产业的发展。信息技术产业的发展对整个国民经济的发展意义重大;信息技术产业加速了科学技术的传播速度,缩短了科学技术从研制到应用于生产领域的距离;信息技术产业的发展推动了技术密集型产业的发展,有利于国民经济结构的调整。物联网和云计算作为信息技术新的高度和形态被提出并大力发展。根据中国物联网校企联盟的定义,物联网为当下几乎所有技术与计算机互联网技术的结合,让信息更快更准地收集、传递、处理并执行,是科技的最新呈现形式与应用。

1.1.3 信息社会

信息社会也称信息化社会,即社会在进入工业化以后,信息起主导作用。在信息社会中,信息成为比物质和能源更为重要的资源,以开发和利用信息资源为目的的信息经济活动迅速扩大,逐渐取代工业生产活动而成为国民经济活动的主要内容。信息经济在国民经济中占据主导地位,并构成社会信息化的物质基础。以计算机、微电子和通信技术为主的信息技术革命是社会信息化的动力源泉。

由于信息技术在资料生产、科研教育、医疗保健、企业和政府管理以及家庭中的广泛应用,从而对经济和社会发展产生了巨大而深刻的影响,从根本上改变了人们的生活方式、行为方式和价值观念。

信息社会的特点:

(1) 在信息社会中,信息、知识成为重要的生产力要素,和物质、能量一起构成社会赖以生存的三大资源。

(2) 信息社会是以信息经济、知识经济为主导的经济,它有别于农业社会是以农业经济为主导,工业社会是以工业经济为主导的经济。

(3) 在信息社会,劳动者的知识成为基本要求。

(4) 科技与人文在信息、知识的作用下更加紧密地结合起来。

(5) 人类生活不断趋向和谐,社会可持续发展。

1.1.4 医药行业信息化建设

信息化是指培养、发展以计算机为主要智能化工具所代表的新生产力,并使之造福于社会的历史过程。信息技术在医药领域中的应用给医药卫生领域带来了前所未有的变革,医护人员的工作效率及病人的就医效率都得到了极大的提高。随着信息技术的快速发展,国内越来越多的医院正加速实施医院信息系统(Hospital Information System,HIS)平台,以提高医院的服务水平与核心竞争力。制药企业信息化建设有利于对药品生产全过程的数据追溯,使其更加符合《药品生产质量管理规范》(Good Manufacturing Practice,GMP)的要求,确保用药安全。

美国作为医疗信息化的引领者,医疗信息化是从 1996 年美国国家生命与健康委员会(NCVHS)被赋予医疗信息标准化建设的新使命为开端,到 2016 年,美国医疗信息化本土标准制定完成。

从医疗信息化的技术现状来看,美国正在大力研发新的医疗信息化技术。近年来,Google 同美国的医疗中心合作,为几百万名社区病人建立了电子档案,医生可以远程监控;微软也推出了一个新的医疗信息化服务平台,帮助医生、病人和病人家属实时了解病人的最新状况;英特尔推出了数字化医疗平台,通过 IT 手段帮助医生与患者建立互动;IBM 公司也在这方面有很大的努力。

中国医疗信息化的发展起步较迟,20 世纪 80 年代末 90 年代初南方经济发达城市和国内一级城市的大医院开始尝试医院信息化,医疗信息化软件主要以医院 IT 部门自己开发为主,软件功能较简单,软件设计、开发、测试、培训、支持都较弱,不规范,操作系统也大部分为 DOS,使用的存储数据库大部分为单机数据库,操作复杂,而且无法良好地实现信息共享与互联,系统性能和稳定性都较差。

随着医院环境、设备的改善,医护人员数量和技能不断提高及人们健康意识不断增强,医院的门诊量日益增加,人们对于医疗质量、医疗态度、医疗速度、医疗价格的要求也越来越高。医院开始与专业软件公司合作开发医疗信息系统,医院 IT 部门的人员只需做好与业务部门衔接、项目组协调、配合实施与培训、专职运营维护等工作即可。

医疗卫生事业的信息化建设已经成为新一轮医疗体制改革的重要方面,并且对促进经济转型发挥了积极作用。智慧医疗,将物联网技术用于医疗领域,借助数字化、可视化模式,进行生命体征采集与健康监测,将有限的医疗资源与更多人共享,特别是在疾病预防和个性化医疗两个方面,智慧医疗将扮演日益重要的角色。

随着人工智能技术的发展,人工智能在医疗卫生事业中的发挥着越来越重要的作用。在国务院 2017 年 7 月 8 日印发并实施的《新一代人工智能发展规划》中对智能医疗和智能健康养老方面做了详细的发展规划部署。

在智能医疗方面,推广应用人工智能治疗新模式新手段,建立快速精准的智能医疗体系。探索智慧医院建设,开发人机协同的手术机器人、智能诊疗助手,研发柔性可穿戴、生物兼容的生理监测系统,研发人机协同临床智能诊疗方案,实现智能影像识别、病理分型和智能多学科会诊。基于人工智能开展大规模基因组识别、蛋白组学、代谢组学等研究和新药研发,推进医药监管智能化。加强流行病智能监测和防控。

在智能健康和养老方面,加强群体智能健康管理,突破健康大数据分析、物联网等关键技术,研发健康管理可穿戴设备和家庭智能健康检测监测设备,推动健康管理实现从点状监测向连续监测、从短流程管理向长流程管理转变。建设智能养老社区和机构,构建安全便捷的智能化养老基础设施体系。加强老年人产品智能化和智能产品适老化,开发视听辅助设备、物理辅助设备等智能家居养老设备,拓展老年人活动空间。开发面向老年人的移动社交和服务平台、情感陪护助手,提升老年人生活质量。

工业和信息化部在 2017 年 12 月发布的《促进新一代人工智能产业发展三年行动计划(2018～2020)》中也指出要在医疗影像辅助诊断系统取得突破。推动医学影像数据采集标准化与规范化,支持脑、肺、眼、骨、心脑血管、乳腺等典型疾病领域的医学影像辅助诊断技术研发,加快医疗影像辅助诊断系统的产品化及临床辅助应用。到 2020 年,国内先进的多模态医学影像辅助诊断系统对以上典型疾病的检出率超过 95％,假阴性率低于 1％,假阳性率低于 5％。综上所述,中国医药卫生信息化事业正随着新医改的进行不断蓬勃发展,IBM、惠普、微软、思科、东软、方正等越来越多的国内外知名 IT 企业已经进军中国医药信息化领域。随着医药信息化的不断深入,中国的医药卫生事业将会得到前所未有的巨大发展。

1.2　计算机的发展及应用

在人类文明的发展过程中,人类通过自己的聪明才智不断发明和创造各种计算工具。从 13 世纪中国的算盘到 17 世纪英国的计算尺,再到电子计算机,人类的计算工具经历了阶梯式的发展。电子计算机的发明与发展给现代科学技术和社会的发展带来了革命性的影响,当今信息技术也是随着计算机技术的发展而不断前进的。

1.2.1 计算机的发展史

1. 计算机的元器件发展

计算机具有运算快、精度高、存储记忆强、可进行逻辑判断、高度自动化和可人机交互的特点。1946 年 2 月 15 日,世界上第一台电子计算机——ENIAC(Electronic Numerical Integrator And Calculator,电子数字积分计算机)在美国宾夕法尼亚大学诞生。1946 年 6 月,美籍匈牙利数学家冯·诺依曼首次提出"存储程序"思想模型(相关概念将在第 2 章中给出解释),从而为以后电子计算机的发展奠定了理论基础。

经历了半个多世纪的发展,计算机已经成为信息处理系统中最重要的一种工具,它不仅承担着信息加工、存储的任务,而且在信息传递、检测、识别、控制和显示等方面也发挥着非常重要的作用。计算机的发展根据其结构中采用的主要电子元器件,一般分为 4 个时代。

第一代计算机(1946~1959 年)——电子管计算机,主要采用电子管作为主要逻辑元件,如图 1.2(a)所示。这时的计算机运算速度慢,内存容量小,使用机器语言和汇编语言编写程序,主要用于军事和科研部门的科学计算。典型的计算机有 ENIAC、EDVAC、UNIVAC、IBM650 等,如图 1.1 所示。

图 1.1   第一代计算机

第二代计算机(1959~1964 年)——晶体管计算机,采用晶体管作为主要元器件,如图 1.2(b)所示,典型的计算机有 IBM7090、IBM7094、CDC6600 等。由于采用磁心存储技术,故此类计算机的运算速度比以前提高了 10 倍,体积缩小为原来的 1/10,成本也降为原来的 1/10。此时在软件上有了重大的突破,出现了 FORTRAN、COBOL、ALGOL 等多种高级编程语言。

第三代计算机(1964~1975 年)——中、小规模集成电路计算机,采用小规模集成电路

(Small Scale Integration,SSI)和中规模集成电路(Medium Scale Integration,MSI)作为基础元件,并且有了操作系统,如图 1.2(c)所示,这是微电子与计算机技术相结合的一大突破。典型的计算机有 IBM S/360、GRAY－1 等。首次实现了亿次浮点运算/秒,运算速度和效率大大提高。

第四代计算机(1975 年至今)——大规模(Large Scale Integration,LSI)和超大规模集成电路(Very Large Scale Integration,VLSI)计算机,计算机逻辑元件采用超大规模集成电路技术,如图 1.2(d)所示。器件的集成度得到了极大的提高,体积更小,携带方便,运算速度达到上百亿次浮点运算/秒,高集成度的半导体芯片取代了磁心存储器。此外,计算机操作系统得到了进一步完善,形成了软件工程理论与方法,应用软件层出不穷。此时,计算机才真正进入社会生活的各个领域。

随着新的元器件及其技术的发展,新型的超导计算机、量子计算机、光子计算机、生物计算机、纳米计算机、人工智能计算机等将会逐步走进人们的生活,遍布各个领域。

(a) 电子管　　　(b) 晶体管　　　(c) 中、小规模集成电路　　　(d) 大规模集成电路

图 1.2　电子管、晶体管与集成电路

2. 中国计算机发展历程

我国计算机的发展是从新中国成立以后开始的。1956 年电子计算机的研制被列入当年订制的《十二年科学技术发展规划》的重点项目。1957 年我国成功研制出第一台模拟电子计算机。1958 年我国成功研制第一台电子数字计算机("103"机)。从 1964 年开始,我国推出了一系列晶体管计算机,如"109 乙"、"109 丙"、"108 乙"、"320"等。从 1972 年开始,我国生产出一系列集成电路计算机,如"150"、DJS－100 系列、DJS－200 系列等。这些产品成为我国当时主流的计算机。

从 20 世纪 80 年代开始,我国计算机产业进入快速发展时期。1983 年,国防科技大学成功研制出运算速度达到每秒上亿次的银河-Ⅱ巨型机,这是我国高速计算机研制的一个重要里程碑,它的研制成功向全世界宣布:中国成了继美、日等国之后,能够独立设计和制造巨型机的国家。

图 1.3　"龙芯"CPU

2001 年,中国科学院计算所研制成功我国第一款通用CPU——"龙芯"芯片。2002 年,曙光公司推出完全自主知识产权的"龙腾"服务器,"龙腾"服务器采用了"龙芯-1"CPU(图 1.3),采用了曙光公司和中国科学院计算所联合研发的服务器专用主板和曙光 LINUX 操作系统,该服务器是国内第一台完全实现自主产权的产品,在国防、安全等领域发挥了重大作用。2003 年联想公司研制的曙光 6800 超级计算机,其运算速度达到 4.183 万亿次每秒。

2009 年 10 月 29 日,中国首台千万亿次超级计算机"天河一号"诞生。这台计算机每秒 1 206 万亿次的峰值速度和每秒 563.1 万亿次的 Linpack 实测性能,使中国成为继美国之后世界上第二个能够研制千万亿次超级计算机的国家。2010 年 11 月 16 日下午,北京时间 17 日上午。在美国新奥尔良市超级计算机 2010 国际会议上,国际超级计算 TOP500 组织正式发布第 36 届世界超级计算机 500 强排行榜,国防科学技术大学研制的"天河一号"超级计算机二期系统(天河-1A),以峰值速度 4 700 万亿次和持续速度 2 566 万亿次每秒浮点运算速度刷新国际超级计算机运算性能最高纪录,一举夺得世界冠军。这标志着我国自主研制超级计算机综合技术水平进入世界领先行列,取得了历史性的突破。

在此后的排名中,神威太湖之光和天河二号数次登顶世界前 2 位。TOP500 组织在声明中表示:"除了超级计算系统数量上的对决之外,中国和美国在 Linpack 性能上也表现出并驾齐驱的态势。"

在微型计算机方面,我国出现了联想、方正、清华同方、长城、浪潮、实达、神舟等国产知名品牌,市场占有率与日俱增。

1.2.2 计算机的应用领域

随着计算机的普及,计算机的应用已渗透到社会的各个领域,从科研、生产、教育、卫生到家庭生活,几乎无所不在。计算机促进了生产率的大幅度提高,将社会生产力的发展推高到前所未有的水平,同时,计算机已经成为人脑的延伸,使社会信息化成为可能。目前,计算机的应用领域主要分为以下几个方面。

(1) 科学计算

在自然科学(如数学、物理、化学、天文、地理等领域)和工程技术(如航空、航天、汽车、造船、建筑等领域)中,计算的工作量都是很大的,所以利用计算机进行复杂的计算能够提高工作效率。

(2) 信息处理

在计算机应用中信息处理所占的比例最大。现代社会是信息化社会,随着生产力的发展,信息急剧膨胀,信息已经和物质、能量一起被列为人类活动的三个基本要素。信息处理就是对各种信息进行收集、存储、整理、分类、统计、加工、利用和传播等一系列活动的统称,其目的是获取有用的信息,为决策提供依据。

目前,计算机信息处理已广泛应用于办公自动化、企事业计算机辅助管理与决策、文档管理、情报检索、文字处理、激光照排、电影电视动画制作、会计电算化、图书管理和医疗诊断等各个行业。

(3) 过程控制

在工业生产过程中,自动控制能有效地提高工作效率,所以过去工业控制主要采用的模拟电路已逐渐被计算机所代替。计算机的控制系统把工业现场的模拟量、开关量以及脉冲量,经放大电路和模/数、数/模转换电路传送给计算机的处理系统,由计算机进行数据采集、显示以及现场控制。计算机控制系统还应用于交通、卫星通信等方面。

(4) 计算机辅助工程

计算机辅助工程是指利用计算机协助设计人员进行计算机辅助设计(CAD)、辅助制造(CAM)、辅助测试(CAT)、辅助教学(CAI)等操作。当前,在船舶设计、飞机设计、汽车设计和建筑工程设计等行业中,均已采用了计算机辅助设计系统。在服装设计中也出现了各种服装 CAD 系统,例如,服装款式设计 CAD 系统能够帮助设计师构思出新的服装款式。

（5）人工智能

计算机是一种自动化的机器,但是它只能按照人们规定好的程序来工作。人工智能就是让计算机模拟人类的某些智能行为,如感知、思维、推理、学习、理解等。这样不仅能使计算机的功能更为强大,而且也会使计算机的使用变得更加简单。

人工智能一直是计算机研究的重要领域,例如:专家系统、机器翻译、模式识别(声音、图像、文字)和自然语言理解等都是人工智能的具体应用。

（6）网络通信

计算机网络是将世界各地的计算机用通信线路连接起来,以实现计算机之间的数据通信和资源共享。网络和通信的快速发展改变了传统的信息交流方式,加快了社会信息化的步伐。计算机和网络的紧密结合使人们能更有效地利用资源,实现"足不出户,畅游天下"的梦想。

（7）视听娱乐

计算机的娱乐功能是随着微型计算机的发展而发展起来的。最初的计算机只能处理文字,但是在 20 世纪 80 年代,由于新技术的运用,计算机可以处理文字、图像、动画、声音等各种数据,这种技术被称为"多媒体技术"。

多媒体技术进一步扩展了计算机的应用领域,人们不仅可以使用计算机打字、学习、处理信息,而且还能绘画、听音乐、看电影甚至玩游戏等。计算机的娱乐功能使计算机与人们的生活更加紧密地结合在了一起。

计算机及其相关技术的快速发展和普及推动了社会信息化的进程,改变了人们的工作、生活、消费、娱乐等活动方式,极大地提高了工作效率和生活质量,计算机已经成为人类社会不可缺少的一种工具。

1.2.3 计算机在医药行业的应用与趋势

在 21 世纪的今天,随着计算机技术的不断发展和创新,计算机对医药信息学和生命科学等领域产生了巨大而深远的影响。因此也应运而生了医学信息学、生物信息学、卫生信息学等医学与计算机结合的相关专业。

计算机在医药卫生领域内有着广泛的应用。在辅助诊断、辅助操作、治疗、教学科研、远程医疗、区域医疗、医学影像诊疗、医学检验、新药开发、医学情报、电子病历、健康档案、循证医学、数字人体三维重构等方面,计算机和信息技术都发挥着举足轻重的作用。数字化的诊疗设备,计算机化、网络化、智能化的医疗信息处理方式,数字化医院等都必须以计算机技术作为强大的支撑力量。

计算机在生物医学工程、分子生物学、基因治疗、遗传和发育、基因克隆等方面发挥着巨大的作用。1988 年,由美国倡导的国际性的"人类基因组计划"是 20 世纪生命科学领域研究的重大举措。该计划在 15 年内投资 30 亿美元,目的在于绘制出人类基因图谱,阐明人类染色体上所有基因,从基因的角度更加深入地了解生命个体,阐明疾病的发病机制,更加有效地预防和控制疾病。从现代医学角度来讲,人类基因总数在 5 万～10 万左右,而每个基因又由独特的碱基组成,如此庞大的工程和数据,人们必须借助计算机才能有效地整理、收集、存储、处理、加工、比较、分析并随时调出。美国的约翰斯·霍普金斯大学建立了一个完整的计算机网络数据库,用来存储全世界的基因研究成果。在"人类基因组计划"中,计算机发挥的不仅仅是存储和记忆功能,更发挥了研究对比、统筹管理、智能分析的功能。

此外,大数据正在改变全球绝大部分行业,医疗业也不例外。通过对医疗数据的分析,人类不但能够预测流行疾病的爆发趋势、避免感染、降低医疗成本,还能让患者享受到更加便利的服务。

综上所述,计算机技术与生命科学的结合必将随着科学的进步而硕果累累,这些成果必将给人类健康事业带来巨大的改变。

2017 年 2 月国家卫生计生委关于印发"十三五"全国人口健康信息化发展规划,规划的发展目标是如下。

到 2020 年,基本建成统一权威、互联互通的人口健康信息平台,实现与人口、法人、空间地理等基础数据资源跨部门、跨区域共享,医疗、医保、医药和健康各相关领域数据融合应用取得明显成效;统筹区域布局,依托现有资源基本建成健康医疗大数据国家中心及区域中心,100 个区域临床医学数据示范中心,基本实现城乡居民拥有规范化的电子健康档案和功能完备的健康卡;加快推进健康危害因素监测信息系统和重点慢病监测信息系统建设,传染病动态监测信息系统医疗机构覆盖率达到 95%;政策法规标准体系和信息安全保障体系进一步健全,行业治理和服务能力全面提升,基于感知技术和产品的新型健康信息服务逐渐普及,覆盖全人口、全生命周期的人口健康信息服务体系基本形成,人口健康信息化和健康医疗大数据应用发展在实现人人享有基本医疗卫生服务中发挥显著作用。

总之,在医疗行业改革进程中,需要利用整个医疗卫生资源,更好地发挥医药卫生信息系统的支撑作用。随着新医改的不断推进,医疗信息化建设将迎来一个崭新的发展阶段。

1.3 数字技术基础

数字技术(Digital Technology)是一项与电子计算机相伴相生的科学技术,它是指借助一定的设备,将各种信息(包括图、文、声、像等)转化为电子计算机能识别的二进制数字 0 和 1 后,进行运算、加工、存储、传送、传播、还原的技术。采用数字技术实现信息处理是电子信息技术的发展趋势。目前,数字技术已经广泛地应用到工业、农业、军事、科研、医疗等各个领域,它促使人们的日常生活发生了根本性的变革。例如,数字电视、数码相机、MP4、数字通信、数字化管理、数字化医院、数字化校园网等。

1.3.1 比特与二进制

1. 比特

比特(bit)是数字技术的处理对象,它是 binary digit 的缩写,中文叫作"二进位数字"。比特的取值只有两种状态:数字 0 或者数字 1。

比特是组成数字信息的最小单位,如同 DNA 是人体组织的最小单位一样。比特在不同的场合有着不同的含义,用比特可以表示数值、文字、符号、图像、声音等各种各样的信息。

比特是计算机处理、存储和传输信息的最小单位,一般用小写字母 b 表示。但是比特这个单位太小了,每个西文字符要用 8 个比特表示,每个汉字至少要用 16 个比特才能表示,声音和图像则要用更多的比特才能表示。因此,我们引入一种比比特稍大的信息计量单位——字节,用大写字母 B 表示,每个字节由 8 个比特组成。

在计算机系统中,比特的存储经常需要使用一种称为触发器的双稳电路来完成。触发器有两个稳定状态,分别用 0 和 1 表示,集成电路的触发器工作速度极快,工作频率可达到 GHz 的水平。另一种存储二进位信息的方法是使用电容,当加上电压后,电容会充电,撤掉电压,充电状态会保持一段时间。这样就可以用 1 来表示电容的充电状态,用 0 来表示电容的未充电状态。磁盘利用磁介质表面区域的磁化状态来存储二进位信息,光盘通过"刻"在表面的微小凹坑来记录二进位信息。寄存器和半导体存储器在电源切断后所存储的信息将会丢失,称为易失性存储器;而磁盘和光盘即使断电后其存储信息也不会丢失,称为"非易失性存储器"。

存储器最重要的指标就是存储器容量。在内存储器的容量计量单位上,计算机采用 2 的幂次作为单位,经常使用的单位有千字节(KB)、兆字节(MB)、吉字节(GB)、太字节(TB)。

$$1\ KB = 1\ 024\ B;1\ MB = 1\ 024\ KB;1\ GB = 1\ 024\ MB;1\ TB = 1\ 024\ GB$$

而外存储器的容量计量单位采用 10 的幂次来进行计算,所以各种外存储器制造商也采用 1 MB = 1 000 KB 的标准来进行容量计算。另外数据传输速度单位也是以 10 的幂次来计算的。

通常运行的 Windows 系统中显示容量是以 2 的幂次作为单位,这样就会造成外存储器在 Windows 系统中显示的容量比标称的容量小的情况,这就是单位不同造成的结果。

2. 十进制与二进制

十进制是人们习惯采用的数制,它使用 0、1、2、3、4、5、6、7、8、9 共 10 个数字来表示数值。十进制的基数是 10,即在每一位上可能出现的状态有 0 到 9 这 10 种,要找到能表示 10 种稳定状态的电子元件是非常困难的,在计算机中通常采用二进制来表示信息,即使用 0 和 1 来表示数值。采用二进制的优点是:

(1) 电路简单。很容易设计和制造具有两种稳定物理状态的元件和电路,而且二进制数据容易被计算机识别,抗干扰性强,可靠性高。

(2) 便于传输。用 0 和 1 就能表示两种不同的状态,使数据传输容易实现,并且数据不容易出错,传输的信息也更加可靠。

(3) 运算简单。在十进制中所使用的加、减、乘、除的运算规则,在二进制中都可以完全套用,所不同的只是在进位时为"逢二进一",在借位时为"借一为二"。二进制只有 0 和 1 两个数,对这两个数做算术运算和逻辑运算都很简单,而且容易相互沟通和相互描述。

为了避免二进制过于冗长,为方便记忆和书写又引进了十六进制(十六进制数由 0~9、A、B、C、D、E、F 这 16 个符号来表示)和八进制(八进制数由 0~7 这 8 个符号表示)。在实际使用中,二进制、八进制、十进制、十六进制数值后面通常会分别加上字母 B、Q、D、H 来加以标识和区别,如果不加默认为 10 进制,例如:

10(B) = 2,17(Q) = 15,2F(H) = 47。

3. 数制间转换

(1) 二进制数、八进制数、十六进制数转换为十进制数。把任意进制转换为十进制数,只要按位权写出其展开式,用数值计算的方法计算相应的数值即可得到十进制数。

例如：

$$1101(B)=1\times2^3+1\times2^2+0\times2^1+1\times2^0=8+4+0+1=13(D)。$$

$$6F(H)=6\times16^1+15\times16^0=111(D)。$$

（2）十进制数整数部分转换为二进制数、八进制数、十六进制数。通常最直接的方法就是除基逆向取余法，该法示例如下。

【例 1】 将 35(D) 表示成二进制，即用除基数 2 的逆向取余法进行转换。

```
2 | 35        余1
  2 | 17      余1
    2 | 8     余0
      2 | 4   余0
        2 | 2 余0
          2 | 1 余1
              0
```

所以 35(D) 的二进制表示为 100011(B)。

十进制转换成八进制、十六进制时只需将除数改为 8 或 16 即可。

（3）十进制数小数部分转换为二进制数，通常采用"乘二取整"的方法。

【例 2】 将十进制小数 0.625 转换为二进制。

计算式子	整数部分	小数部分
$0.625\times2=1.25$	1	0.25
$0.25\times2=0.5$	0	0.5
$0.5\times2=1$	1	0

所以 0.625(D) 的二进制表示为 0.101(B)。

（4）二进制数与八进制数之间的转换。每位八进制数与 3 位二进制数相对应，按此规则，二进制数与八进制数的转换非常简单。

$000(B)=0(Q)，001(B)=1(Q)，010(B)=2(Q)，011(B)=3(Q)$；

$100(B)=4(Q)，101(B)=5(Q)，110(B)=6(Q)，111(B)=7(Q)$。

例如：

$172(Q)=001111010(B)$；

同理可推导出二进制数与十六进制数之间的转换，每位十六进制数与 4 位二进制数相对应。

例如：

$2EC(H)=001011101100(B)$

1.3.2 比特的运算

1. 二进制运算

二进制数的运算和十进制数一样，同样也遵循加、减、乘、除四则运算法则。

二进制加法（满二进一）：

$$
\begin{array}{r}
0101 \\
+\ 0100 \\
\hline
1001
\end{array}
$$

二进制减法(不够向高位借一):

$$
\begin{array}{r}
1001 \\
-\ 0100 \\
\hline
0101
\end{array}
$$

乘法可以转化为加法和移位运算,除法可以转化为减法和移位运算。

2. 比特的逻辑运算

比特的取值只有 0 和 1 这两种逻辑类型值,其运算与数值计算中的加、减、乘、除四则运算不同,比特的运算需要使用逻辑运算思想。逻辑代数中最基本的逻辑运算有 3 种:逻辑加(也称"或"运算,用 OR、"∨"或"+"表示)、逻辑乘(也称"与"运算,用 AND、"∧"或"·"表示)、逻辑取反(也称"非"运算,用 NOT 或"−"表示)运算。它们各自的运算规则如下。

逻辑加:
$$
\begin{array}{cccc}
0 & 0 & 1 & 1 \\
\underline{\lor\ 0} & \underline{\lor\ 1} & \underline{\lor\ 0} & \underline{\lor\ 1} \\
0 & 1 & 1 & 1
\end{array}
$$

逻辑乘:
$$
\begin{array}{cccc}
0 & 0 & 1 & 1 \\
\underline{\land\ 0} & \underline{\land\ 1} & \underline{\land\ 0} & \underline{\land\ 1} \\
0 & 0 & 0 & 1
\end{array}
$$

取反运算:0 取反为 1,1 取反为 0。

多位数进行逻辑运算时按位运算,没有进位、借位。例如:

多位数逻辑加运算:

$$
\begin{array}{r}
0101 \\
\lor\ 0100 \\
\hline
0101
\end{array}
$$

多位数逻辑乘运算:

$$
\begin{array}{r}
0101 \\
\land\ 0100 \\
\hline
0100
\end{array}
$$

1.3.3 信息在计算机中的表示

信息有很多种,如数值、文字、图像、声音、视频、符号等,这些信息在计算机中必须用二进制来表示,计算机才可以有效地对其进行存储、加工、传输等处理。

1. 数值信息在计算机中的表示

机器数(computer number)是将符号"数字化"的数,是数字在计算机中的二进制表示形式。机器数有 2 个特点:一是符号数字化,二是其数的大小受机器字长的限制。

在计算机中,数值的类型通常包括无符号整数、有符号整数、浮点数这 3 种数据类型。无符号整数中所有位数都用来表示数值,如 1 个字节表示的范围可以从 0~255。对于有符号整数用一个数的最高位作为符号位,0 表示正数,1 表示负数。这样,每个数值就可以用一系列 0 和 1 组成的序列来进行表示。符号数值化之后,为了方便对机器数进行算术运算,提高运算速度,设计了用不同的码制来表示数值。常用的有原码(true form)、反码(radix-minus-one complement)和补码(complement)来表示数值。

(1)原码表示法

原码表示法通常采用"符号+绝对值"的表示形式。假设采用 8 位二进制数表示 29,那么其中 1 位必须用来表示符号,用 0 表示正数,其余 7 位来表示数值部分。

+29 的二进制表示是 11101,采用 8 位二进制数表示,其数值部分必须满 7 位,不够的位数在左边用 0 补上,所以+29 的 8 位二进制数表示的数值部分应该是 0011101,再加上 1 位符号位 0,那么+29 的 8 位二进制数完整表示如下:

$[+29]_原 = 00011101(B)$

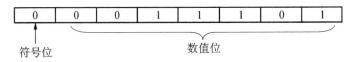

同理,-29 的二进制原码表示如下:

$[-29]_原 = 10011101(B)$

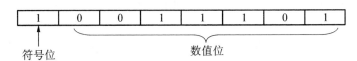

在原码表示法中,0 有两种表示方法,即$[+0]_原 = 00000000$,$[-0]_原 = 10000000$。

(2)反码表示法

正数的反码与原码相同,负数的反码数值位与原码相反,符号位不变。如:$[+29]_反 = [+29]_原 = 00011101(B)$,而$[-29]_反 = 11100010(B)$。

在反码表示法中,0 也有两种表示方法,即$[+0]_反 = 00000000$,$[-0]_反 = 11111111$。

(3)补码表示法

补码是计算机中数值通用的表示方法。正数的补码与原码相同,负数的补码是在反码的基础上末位加 1。例如:$[+29]_补 = [+29]_原 = 00011101(B)$,而$[-29]_补 = 11100011(B)$。

在补码表示法中,0 只有一种表示方法,即$[+0]_补 = [-0]_补 = 00000000$。

在实际应用中,补码最为常见,通常求解补码分为 3 个步骤:① 写出与该负数相对应的绝对值的原码;② 按位求反;③ 末位加 1。例如:机器字长为 8 位,求-46(D)的补码:

+46 的绝对值的原码:　　　　　00101110

按位求反:　　　　　　　　　　11010001

末位加 1:　　　　　　　　　　11010010

所以,$[-46]_补 = 11010010(B) = D2(H)$。

根据原码、反码、补码的表示方式,有以下特点:$[[X]_反]_反 = [X]_原$,$[[X]_补]_补 = [X]_原$。

2. 文字符号信息在计算机中的表示

计算机除了处理数值信息以外还需要处理大量的字符、文字等信息。

在西文字符集中,普遍采用的是美国标准信息交换码(American Standard Code for Information Interchange,ASCII)。ASCII 码采用 7 位二进制编码,总共有 128 个字符,包括:26 个英文大写字母,ASCII 码为 41H~5AH;26 个英文小写字母,ASCII 码为 61H~7AH;10 个阿拉伯数字 0~9,ASCII 码为 30H~39H;32 个通用控制字符;34 个专用字符。存储时采用一个字节(8 位二进制数)来表示,低 7 位为字符的 ASCII 值,最高位一般用作校验位。

计算机控制字符有专门用途。例如,回车字符 CR 的 ASCII 码为 0DH,换行符 LF 的 ASCII 码为 0AH 等。

中文字符集的组成是汉字。我国汉字总数超过 6 万,数量大、字形复杂、同音字多、异体字多,这给汉字在计算机内部的处理带来一些困难。汉字编码方案有二字节、三字节甚至四字节的。下面主要介绍"国家标准信息交换用汉字编码"(GB 2312—80 标准),以下简称国标码。

GB 2312 标准共收录 6 763 个汉字,同时收录了包括拉丁字母、希腊字母、日文平假名及片假名字母、俄语西里尔字母在内的 682 个字符。GB 2312 字符集由 3 个部分组成:第一部分是字母数字和各种符号;第二部分是一级常用汉字;第三部分是二级常用汉字。GB 2312 中对所收录汉字进行了"分区"处理,每区含有 94 个汉字/符号,这种表示方式也称为区位码。其中,01~09 区为特殊符号;16~55 区为一级汉字,按拼音排序;56~87 区为二级汉字,按部首/笔画排序;10~15 区及 88~94 区则未有编码。例如:"啊"字是 GB 2312 中的第一个汉字,它的区位码就是 1601。

在计算机内部,汉字编码和西文编码是共存的,如何区分它们是一个很重要的问题,因为对不同的信息有不同的处理方式。

方法之一是对二字节的国标码,将两个字节的最高位都置成 1,而 ASCII 码所用字节最高位保持为 0,然后由软件(或硬件)根据字节最高位来做出判断。

汉字的内码虽然对汉字进行了二进制编码,但输入汉字时不可能按此编码输入,因此除了内码与国标码外,为了方便操作人员由键盘输入,出现了种种键盘上输入符号组成的代表汉字的编码,称为汉字输入码。汉字输入码是不统一的,区位码、五笔字形码、拼音码、智能 ABC、自然码等都是汉字的输入码。汉字输入码输入计算机后,由计算机中的程序自动根据输入码与内码的对应关系,将输入码转换为内码进行存储。

3. 图像等其他信息在计算机中的表示

计算机中的数字图像按其生成方法可以分为两大类:一类是从现实世界中通过扫描仪、数码相机等设备获取的图像,称为位图图像;另一类是使用计算机合成的图像,称为矢量图像或者图形。图像在计算机中的存储要比汉字更复杂一些。要在计算机中表示一幅图像,首先必须把图像离散成为 M 列、N 行,这个过程称为取样。经过取样,图像被分解成为 $M \times N$ 列个取样点,每个取样点称为一个像素,每个像素的分量采用无符号整数来进行表示。

在医疗领域中,通常需要用到大量的黑白图像和彩色图像。在黑白图像中,像素只有

"黑"与"白"两种,因此每个像素只需要用1个二进制位即可表示。在彩色图像中,彩色图像的像素通常由红、绿、蓝3个分量组成,这就需要用一组矩阵来表示彩色图像。在计算机中存储一幅取样图像,除了存储像素数据外,还需要存储图像大小、颜色空间类型、像素深度等信息。

其他形式的信息,如声音、动画、温度、压力等都通过一定的处理后用比特来进行表示。只有用比特来表示的信息才能够被计算机处理和存储。具体的文字、图像、声音、视频的表示方法将在第5章中进行详细讲解。

1.4 微电子技术基础

微电子技术最具代表性的产品——集成电路已经成为现代信息技术产业发展的重要基础。微电子技术的飞跃发展,为计算机信息技术的广泛应用开辟了广阔的道路。

1.4.1 微电子技术

微电子技术是信息技术领域中的关键技术,是发展电子信息产业和各项高新技术的基础。微电子技术包括系统和电路设计、器件物理、工艺技术、材料制备、自动测试以及封装、组装等一系列专门的技术,是微电子学中各项工艺技术的总和。微电子学研究的对象十分广泛,除各种集成电路(单片集成电路、薄膜电路、厚膜电路和混合集成电路)外,还包括集成磁泡、集成超导器件和集成光电子器件等。

微电子技术是实现电子电路和电子系统超小型化及微型化的技术,它以集成电路为核心。早期的电子技术以真空电子管为基础元件,在这个阶段产生了广播、电视、无线通信、电子仪表、自动控制和第一代电子计算机。1947年晶体管的发明,再加上印制电路组装技术的应用,使电子电路在小型化方向上前进了一大步。

1.4.2 集成电路

集成电路(Integrated Circuit,IC)是一种微型电子器件或部件,指将一个电路中所需的晶体管、二极管、电阻、电容和电感等元件及布线互连在一起,制作在一小块或几小块半导体晶片或介质基片上,然后封装在一个管壳内,成为具有所需电路功能的一种高级微电子器件。而所有元件在结构上已构成一个整体,使整个电路的体积大大缩小,且引出线和焊接点的数目也大为减少,从而使电子元件向着微小型化、低功耗和高可靠性方向迈进了一大步。通常使用硅为基础材料,在上面通过扩散或渗透技术形成 N 型半导体和 P 型半导体及PN 结。

集成电路是在 20 世纪 50 年代出现的,它以半导体单晶片作为材料,经平面工艺加工制造,将大量晶体管、电阻、电容等元器件及互连线构成的电子电路集成在基片上,构成一个微型化的电路或系统。现代集成电路使用的半导体材料主要是硅,也可以是化合物半导体,如砷化镓等。集成电路的集成度和产品性能每 18～24 个月增加一倍,这就是著名的"摩尔定律"。

我国集成电路产业近几年取得了快速的发展,近几年取得的成绩包括以下几点。

(1)产业规模不断壮大,2017 年我们集成电路行业的销售额达到 5 600 亿元,同 2012 年比翻了一番多。

（2）核心技术取得了突破，芯片设计水平提升了 2 代，制造工艺提升 1.5 代，32、28 纳米的工艺实现了规模化的量产。

（3）骨干企业的实力也在加强，海思、紫光展锐分别位列全球的第六和第十大芯片设计企业，中芯国际、华虹集团成为全球第五大和第九大芯片代工制造企业，长电科技、通富微电、天水华天在封测行业排名也提升到全球的第三位、第六位和第八位。

（4）产业投资大幅增长。

但是，我们也要看到差距。我国制造业创新能力还不强，关键基础材料，核心基础零部件、元器件、先进基础工艺等工业基础能力依然薄弱，关键核心技术短缺局面尚未根本改变。

集成电路有多种分类方式，按不同标准可对集成电路进行不同的分类。

1. 按功能结构分类

（1）模拟集成电路：又称线性电路，用来产生、放大和处理各种模拟信号（指幅度随时间变化的信号，如半导体收音机的音频信号、录放机的磁带信号等）。

（2）数字集成电路：用来产生、放大和处理各种数字信号，电子数字设备中各种规模集成电路大多属于此类。

（3）模数混合集成电路：以上两种集成电路的合体。

2. 按集成度高低分类

（1）小规模集成电路（Small Scale Integration，SSI）。

（2）中规模集成电路（Medium Scale Integration，MSI）。

（3）大规模集成电路（Large Scale Integration，LSI）。

（4）超大规模集成电路（Very Large Scale Integration，VLSI）。

（5）极大规模集成电路（Ultra Large Scale Integration，ULSI）。

集成电路分类见表 1.1。

表 1.1　按集成度高低分类

分类	电子元件数目（集成度）	分类	电子元件数目（集成度）
小规模（SSI）	小于 100	超大规模（VLSI）	10 万～100 万
中规模（MSI）	100～3 000	极大规模（ULSI）	超过 100 万
大规模（LSI）	3 000～10 万		

3. 按导电类型不同分类

（1）双极型集成电路。制作工艺复杂，功耗较大，代表集成电路有 TTL、ECL、HTL、LSTTL、STTL 等类型。

（2）单极型集成电路。制作工艺简单，功耗也较低，易于制成大规模集成电路，代表集成电路有 CMOS、NMOS、PMOS 等类型。

4. 按用途分类

集成电路按用途可分为电视机用集成电路、音响用集成电路、影碟机用集成电路、录像机用集成电路、计算机（微机）用集成电路、电子琴用集成电路、通信用集成电路、照相机用集成电路、遥控集成电路、语言集成电路、报警器用集成电路及各种专用集成电路。

5. 按应用领域分类

(1) 通用集成电路。是电子电路设计应用最广泛的器件,如通用集成运算放大器、集成功率放大器、电压基准、线性集成稳压器等集成电路。

(2) 专用集成电路。被认为是一种为专门目的而设计的集成电路,是指应按用户特定要求和特定电子系统的需要而设计、制造的集成电路。

随着集成度不断提高,芯片生产总归要受制于物理极限,而英特尔这样的公司正在逐渐接近这一极限,就连摩尔本人也在 2010 年接受采访时表达了同样的观点。他说,一旦晶体管的体积小到原子那么大,就不可能再小了。到那时,提升计算性能的唯一办法就是调转方向,增大芯片体积,所以研究和实验室的成本需求十分高昂,成本也必然增加,而有财力投资在创建和维护芯片工厂的企业很少。所以,在不久的将来,摩尔定律将有可能终结。

1.4.3 集成电路的应用

1. 集成电路卡

集成电路卡(Integrated Circuit Card,IC 卡)是在大小和普通信用卡相同的塑料卡片上嵌置一个或多个集成电路构成的,集成电路芯片可以是存储器或微处理器。带有存储器的IC 卡又称为记忆卡或存储卡,带有微处理器的 IC 卡又称为智能卡或智慧卡。记忆卡可以存储大量信息;智能卡则不仅具有记忆能力,还具有处理信息的功能。IC 卡是 1974 年一名法国新闻记者发明的,因其便于携带、存储量大,日益受到人们的青睐。IC 卡可以十分方便地存停车费、电话费、地铁乘车费、食堂就餐费、公路路桥费以及进行购物旅游、贸易服务等。

IC 卡一般有智能卡、存储器卡、逻辑加密卡、CPU 卡及超级智能卡几类。按照数据读写方式,智能卡又可分为接触式 IC 卡和非接触式 IC 卡两类。

(1) 接触式 IC 卡。接触式 IC 卡由读写设备和卡片上的触点相接触进行数据读写,国际标准 ISO 7816 系列对此类 IC 卡进行了规范。图 1.4(a)所示为接触式 IC 卡。

(2) 非接触式 IC 卡。非接触式 IC 卡与读写设备无电路接触,采用非接触式的读写技术进行读写(如光或无线电技术)。其内嵌芯片除了存储单元、控制逻辑外,还增加了射频收发电路。这类卡一般用在存取频繁、使用环境恶劣的场合。国际标准也对非接触 IC 卡技术做了规范。图 1.4(b)所示为非接触式 IC 卡。

(a) 接触式IC卡   (b) 非接触式IC卡

图 1.4 接触式 IC 卡和非接触式 IC 卡

IC卡的外形与磁卡相似,它与磁卡的区别在于数据存储的媒体不同。磁卡是通过卡上磁条的磁场变化来存储信息的,而IC卡是通过嵌入卡中的电擦除式可编程只读存储器集成电路芯片(EEPROM)来存储数据信息的。因此,与磁卡相比,IC卡具有以下优点。

(1)存储容量大。磁卡的存储容量大约在200个数字字符;IC卡的存储容量根据型号不同,小的几百个字符,大的上百万个字符。

(2)安全保密性好。IC卡上的信息能够随意读取、修改、擦除,但都需要密码。

(3)CPU卡具有数据处理能力,在与读卡器进行数据交换时,可对数据进行加密、解密,以确保交换数据的准确可靠,而磁卡则无此功能。

(4)使用寿命长。

2. 电子标签

电子标签(Radio Frequency Identification,RFID)即射频识别,是一种非接触式的自动识别技术,它通过射频信号自动识别目标对象并获取相关数据,识别工作无须人工干预,可工作于各种恶劣环境。RFID技术可识别高速运动物体并可同时识别多个标签,操作快捷方便。短距离射频产品不怕油渍、灰尘污染等恶劣的环境,可在这样的环境中替代条码,如用在工厂的流水线上跟踪物体。长距离射频产品多用于交通上,识别距离可达几十米,如自动收费或识别车辆身份等。

RFID技术适用的领域包括:物流和供应管理、生产制造和装配、航空行李处理、邮件、快运包裹处理、文档追踪、图书馆管理、动物身份标识、运动计时、门禁控制、电子门票、道路自动收费等。采用不同的天线设计和封装材料可制成多种形式的RFID标签,如车辆标签、货盘标签、物流标签、金属标签、图书标签、液体标签、人员门禁标签、门票标签、行李标签等。

RFID技术在医疗领域的应用主要有以下几方面。

(1)疾病控制的跟踪

RFID智能标签最大的优点在于对疾病管理状况的操控,具有很大的方便性,医院可对任何新病历进行及时追踪,也可以监测到病人目前的一系列状况。

(2)医疗系统管理

运用RFID进行医院内部的管理,如药物管理、输血、病人识别、医院急救室的管理以及医护人员的规范、各种手术设备、手术周边信息的收集等,是医院管理的良好工具。

(3)医疗物品管理

RFID可应用于医疗物品供应链的管理,具有物品追踪功能,并可对物品的存量进行及时准确地控制,如医疗物品存取的人员管理、药品数量与存放位置管理、医疗物品安全期限监控等。

1.4.4　集成电路的发展趋势

未来集成电路将会在新生产设计工艺、新技术的推动下飞速前进。首先,随着集成方法和微细加工技术的不断发展,集成电路器件的尺寸、线宽不断缩小,时钟频率和连线层数不断增大。其次,当集成电路线宽缩小到纳米尺寸时,便会出现纳米结构的量子效应和量子现象。人们研究怎样利用量子效应来研制出具有新功能的量子器件,从而把集成芯片的研制推向量子世界的新阶段,也就是纳米芯片技术。再次,光是自然界中传播最快的信息,人们还将会研究把光作为信息载体来研制集光电路,或者通过把电子与光子并用实现光子集成。因此,集成电路必将在纳米芯片、光子学等新技术和理念的推动下向着一个更高的阶段发展。

1.5 计算思维

1.5.1 计算思维的提出

美国早在 2005 年就意识到了计算思维的重要性,当年 6 月,由美国总统信息技术咨询委员会提交了《计算科学:确保美国竞争力》的报告给美国总统,在该报告中建议,将计算科学长期置于国家科学与技术领域中心的领导地位。2006 年,美国卡内基·梅隆大学的周以真(Jeannette M.Wing)教授提出:计算思维是运用计算机科学的基础概念进行问题求解、系统设计以及人类行为理解等涵盖计算机科学之广度的一系列思维活动。该思想一提出即成为国际及国内教育界关注的热点。2007 年 NSF 提出了 CPATH 计划,该计划认为计算普遍存在于我们的日常生活之中,培养未来能够参与全球竞争、掌握计算核心概念对美国企业家和员工就变得非常重要。2008 年美国 NSF 提出的 CDI 计划旨在通过"计算思维"领域的创新和进步来促进自然学和工程技术领域产生革命性的成果。

1.5.2 计算思维的特点

根据周以真教授的观点,计算思维有以下特点:

(1)计算机科学化是概念化的而不是程序化。这就要求除了能为计算机编程,还要能从思维上进行抽象。

(2)计算思维是根本的而不是刻板的技能。应该是指导解决问题的方法,而不是具体的操作技能。

(3)计算思维是人类求解问题的一条途径而不是计算机的思维方式。这说明计算思维是人类的思维,计算机只是为了更好地服务于人类。

(4)计算思维本质是数学思维与工程思维的互补与融合。

(5)计算思维是一种思想而不是人造物,它面向所有的人、所有地方。

计算思维建立在计算过程的能力和限制之上,计算思维中的抽象完全超越物理的时空观,并完全用符号来表示。

与数学和物理科学相比,计算思维中的抽象显得更为丰富,也更为复杂。数学抽象的最大特点是抛开现实事物的物理、化学和生物等特性,而仅保留其量的关系和空间的形式,而计算思维中的抽象却不仅仅如此。

计算思维的本质是将问题抽象成一个计算的问题然后自动化求解,利用计算思维能把所有想法和知识融会贯通,对于分析问题和解决问题的能力有极大的提升,未来计算思维是每个人都应该具备的能力。

本章小结

本章通过 5 个小节介绍了信息与信息技术的基础知识以及在医药领域内的广泛应用,

对计算思维做了介绍,阐述了计算机的发展历史以及未来发展趋势、计算机在生命科学中的应用以及数字技术、微电子技术等相关基础知识;介绍了中国医疗信息化发展历史、卫生信息化的技术手段等。通过本章知识,引导读者用科学、严谨、认真的态度学好后续章节的计算机硬件知识、计算机软件知识、多媒体知识、数据库原理以及医药信息系统知识和数据挖掘技术。从而,激发读者对医药信息化的兴趣,培养在实际应用中解决问题与分析问题的能力,提高自身素质。

习题与自测题

一、判断题

1. 烽火台是一种使用光来传递信息的系统,因此它是使用现代信息技术的信息系统。

2. 所有的数据都是信息。

3. 集成电路根据它所包含的晶体管数目可以分为小规模、中规模、大规模、超大规模、极大规模集成电路,现在 PC 机中使用的微处理器属于大规模集成电路。

4. 所有的十进制数都可以精确转换为二进制。

二、选择题

1. 下列_____不属于信息技术?

A. 信息的获取与识别   B. 信息的通信与存储

C. 信息的估价与出售   D. 信息的控制与显示

2. 现代通信是指使用电波或光波传递信息技术,故使用_____传输信息不属于现代通信范畴。

A. 电报   B. 电话   C. 传真   D. 磁带

3. 计算机最早是用于_____。

A. 数值计算   B. 信息处理

C. 过程控制   D. 辅助设计

4. 第三代计算机采用的电子逻辑元件是_____。

A. 超大规模集成电路   B. 晶体管

C. 电子管   D. 中小规模集成电路

5. 在下列各种进制的数中,_____数是非法数。

A. $(999)_{10}$ B. $(678)_8$

C. $(101)_2$ D. $(ABC)_{16}$

6. 下面关于比特的叙述中,错误的是_____。

A. 比特是组成信息的最小单位

B. 比特只要"0"和"1"两个符合

C. 比特可以表示数值、文字、图像或声音

D. 比特"1"大于比特"0"

7. 与十进制数 511 等值的二进制数是_____。

A. 100000000B   B. 111111111B

C. 111111101B   D. 111111110B

8. 以下 4 个数中，最小的数是_____。

A. 32

B. 36Q

C. 22H

D. 10101100B

9. 二进制数 00101011 和二进制数 10011010 相或的结果是_____。

A. 10110001

B. 10111011

C. 00001010

D. 11111111

10. 十进制 268 转换成十六进制数是_____。

A. 10BH

B. 10CH

C. 01DH

D. 10EH

三、简答题

1. 简述计算机发展的历史与现状。

2. 信息在计算机中是怎样表示的？

3. 根据所学的知识谈谈未来计算机的发展趋势。

4. 未来医药卫生人才应该具备怎样的知识体系结构？

5. 查阅相关资料，谈谈集成电路未来在医药领域有哪些新的应用前景。

6. 谈谈个人对医药卫生信息化的认识。

【微信扫码】
相关资源 & 习题解答

第2章 计算机组成原理

2.1 计算机的组成与分类

2.1.1 计算机的硬件系统和软件系统

一个完整的计算机系统,是由硬件系统和软件系统两大部分组成的。计算机硬件,是组成计算机的各种物理设备的总称;计算机软件是人与硬件的接口,它始终指挥和控制着硬件的工作过程。

1. 计算机的硬件系统

硬件,就是用手能摸得着的物理装置。从逻辑功能上看,计算机硬件系统由运算器、控制器、存储器、输入设备与输出设备五大基本部件组成。图2.1是计算机硬件系统逻辑组成的示意图。

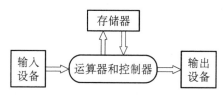

图2.1 计算机硬件系统逻辑组成

(1) 运算器。运算器是计算机中进行算术运算和逻辑运算的部件,通常由算术逻辑运算部件(ALU)、累加器及通用寄存器组成。

(2) 控制器。控制器用以控制和协调计算机各部件自动、连续地执行各条指令,是整个中央处理单元(CPU)的指挥控制中心,通常由指令寄存器(Instruction Register,IR)、程序计数器(Program Counter,PC)和操作控制器(Operation Controller,OC)组成。

运算器和控制器是计算机中的核心部件,这两部分合称中央处理单元(CPU)。

(3) 存储器。存储器的主要功能是保存各类程序和数据信息。存储器分为主存储器和辅助存储器,主存储器(或工作存储器,简称主存,英语为memory)主要采用半导体集成电路制成,又可分为随机存储器(Random Access Memory,RAM)、只读存储器(Read Only Memory,ROM)和高速缓冲存储器(cache)。辅助存储器大多采用磁性材料和光学材料制成,如磁盘、磁带、光盘以及移动存储器(U盘、移动硬盘)等。

早期计算机中的主存储器(磁芯存储器、MOS存储器)总是与CPU紧靠一起安装在主机柜内,而辅助存储器(磁盘机,磁带机等)大多独立于主机柜之外,因此主存储器俗称为"内存",辅助存储器俗称为"外存",并且一直沿用至今。

内存的存取速度快而容量相对较小,它与 CPU 直接相连,用来存放已经启动运行的程序和正在处理的数据,是易失性存储器。外存储器的存取速度较慢而容量相对很大,它们与 CPU 不直接连接,用于永久性地存放计算机中几乎所有的信息,属于非易失性存储器。

(4)输入设备。输入设备用于从外界将数据、命令输入到计算机的内存,供计算机处理。常用的输入设备有键盘、鼠标、光笔、扫描仪、视频摄像机等。

(5)输出设备。输出设备用以将计算机处理后的结果信息转换成外界能够识别和使用的数字、文字、图形、声音、电压等信息形式。常用的输出设备有显示器、打印机、绘图仪、音响设备等。有些设备既可以作为输入设备,又可以作为输出设备,如硬盘等。

CPU 和主存储器等组成了计算机的主要部分,即主机。输入、输出设备和辅助存储器通常称为计算机的外围设备,简称外设。

2. 计算机软件系统

软件是指程序运行所需的数据以及与程序相关的文档资料的集合。计算机的软件系统可分为系统软件和应用软件,如图 2.2 所示。

(1)系统软件。系统软件是指控制和协调计算机及外部设备、支持应用软件开发和运行的系统,是无需用户干预的各种程序的集合,主要功能是调度、监控和维护计算机系统,负责管理计算机系统中各种独立的硬件,使得它们可以协调工作。

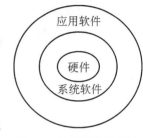

图 2.2 计算机软件系统

(2)应用软件。应用软件是用于解决各种实际问题以及实现特定功能的程序。

2.1.2 计算机的分类

计算机的分类有多种方法。一般按性能和用途将计算机分为巨型机、大型机、服务器和微型计算机。

1. 巨型机

巨型机(supercomputer)有极高的速度、极大的容量,用于国防尖端技术、空间技术、大范围长期性天气预报、石油勘探等方面。目前这类机器的运算速度可达每秒千万亿次(或亿亿次)。这类计算机在技术上朝两个方向发展:一是开发高性能器件,特别是缩短时钟周期,提高单机性能;二是采用多处理器结构,构成超并行计算机,通常由 100 台以上的处理器组成超并行巨型计算机系统,它们同时解算一个课题,来达到高速运算的目的。图 2.3 为我国的"天河一号"巨型计算机。

图 2.3 "天河一号"巨型计算机

2. 大型机

大型机(mainframe)具有极强的综合处理能力和极大的性能覆盖面。在一台大型机中可以使用几十台微机或微机芯片,用以完成特定的操作,可同时支持上万个用户,支持几十个大型数据库。大型机主要应用在政府部门、银行、大公司、大企业等。图 2.4 为 IBM 大型计算机。

图 2.4　IBM 大型计算机　　　　　　图 2.5　服务器

3. 服务器

服务器(server)原本只是一个逻辑上的概念,指的是网络中专门为其他计算机提供各种资源和服务的计算机。理论上巨、大、小、微各种计算机都可以作为服务器使用,但由于服务器往往需要具有较强的计算能力、高速的网络通信和良好的任务处理功能,因此计算机厂商专门开发了用作服务器的一类计算机产品。这类产品可连续工作在 7 * 24 小时(每周 7 天,每天 24 小时)的环境中,可靠性、稳定性、安全性都很高。

4. 微型机

微型机(personal computer)也称个人电脑、PC 机。包括台式机和便携机(笔记本电脑),在近 10 年内发展速度迅猛,平均每 2~3 个月就有新产品出现,1~2 年产品就更新换代一次。平均每两年芯片的集成度可提高一倍,性能提高一倍,价格降低一半。台式机在办公室或家庭中使用,笔记本电脑体积小,重量轻,便于外出携带,性能接近台式机,但价格稍高。近些年来一直还流行更小更轻的超级便携式计算机,如平板电脑,智能手机等,它们没有键盘,采用多点触摸屏进行操作,功能多样,有通用性,能无线上网。微型机已经广泛应用于办公自动化、医生工作站、护士工作站等多个领域,并且日益成为人们生活中常用的设备。微型机为图 2.6 所示。

图 2.6　微型计算机

需要注意的是,智能化手机和平板电脑虽然也是个人计算机的一个品种,但他们的软硬件结构、配置和应用等,与 PC 机并不兼容。

随着超大规模集成电路技术的发展,出现了越来越多的新型 PC 机,譬如一体机。一体机即一体台式机,这一概念最先由联想集团提出,是指将传统分体台式机的主机集成到显示器中,从而形成一体台式机。一体台式机在外观上突破了传统电脑那种笨重的形象,同时设计上更加时尚。

除了一体机,近些年来也出现了迷你电脑主机。迷你电脑主机体积小,能够节省空间,功耗低,节省费用且环保。将传统台式电脑的全部功能装入别致精巧的盒子内,而其尺寸仅如一本书大小。可安装 Windows 操作系统、各类软件以及游戏,可凭用户的个人喜好进行自定义。小巧的外形更方便携带,出门在外节省空间、使用更加方便。通常作为家庭第二部,甚至是第三部电脑主机,迷你电脑更多承载着家庭互联网娱乐终端的重任。相对于传统台式主机,迷你电脑不仅整合度更高,运算性能更强,同时还拥有更为袖珍的外形尺寸。

2.1.3　微处理器和嵌入式计算机

在 20 世纪 70 年代到 20 世纪 80 年代间,计算机发展史上最重大的事件之一,是出现了微处理器和个人计算机。微处理器通常指使用单片大规模集成电路制成的、具有运算和控制功能的部件,是各种类型计算机的核心组成部分。目前无论是巨型机还是个人计算机、服务器还是工作站,它们的中央处理器几乎都由微处理器组成,区别仅在于所使用微处理器性能的高低和数量的多少不同而已。近几十年微处理器的发展非常迅速,微处理器中包含的晶体管越来越多,功能越来越强,cache 的容量越来越大,性能价格比也越来越高。

嵌入式计算机是指把运算器和控制器集成在一起,并把存储器、输入/输出控制与接口电路等也都集成在同一块芯片上的大规模集成电路。嵌入式计算机也称为单片机(图 2.7 为单片机集成电路),针对某个特定应用而开发的计算机系统,如网络、通信、音频、视频,工业控制等。从学术的角度看,嵌入式系统强调以应用为中心,以计算机技术为基础,并且软硬件可裁减,适用于特定的应用系统并对功能、可靠性、成本、体积、功耗有严格要求的专用计算机系统。

图 2.7　单片机集成电路

嵌入式计算机是内嵌在其他设备中的计算机,例如安装在数码相机、MP3 播放机、计算机外围设备、汽车和手机等产品中,他们执行着特定的任务,如控制办公室的温度和湿度,监测病人的心率和血压,控制微波炉的温度和工作时间,播放 MP3 音乐等。现在嵌入式计算机非常普遍,但由于用户并不直接与计算机技术接触,它们的存在往往不被大家知晓。另外,嵌入式计算机还有满足实时信息处理、最小化存储容量、最小化功耗、适应恶劣工作环境等特点。

2.2　CPU

2.2.1　指令与指令系统

作为计算机科学奠基人之一的冯·诺依曼,提出的程序存储和程序控制的思想,直到今天还是计算机的基本工作原理。该思想的主要内容是:预先将一个问题的解决方案(程序)连同它所处理的数据存储在存储器中,工作时,处理器从存储器中取出程序中的一条指令,并按照指令的要求完成数据操作。即:存储在存储器中的程序自动地控制着整个计算机的全部操作,完成信息处理的任务。

指令也称为机器指令,是计算机执行某种基本操作的命令。一条指令规定了机器所能够完成的一个基本操作,是计算机本身运行的最小功能单位。指令也是机器所能够领会的一组特定的二进制代码串。指令系统是 CPU 所能够提供的所有的指令的集合,指令系统的设计是计算机系统设计的一个核心问题。

1. 指令

一条指令就是机器语言的一个语句,它是一组有意义的二进制代码,指令的基本格式为:操作码字段和地址码字段。其中,操作码指明了指令的操作性质及功能,地址码则给出了操作数或操作数的地址。

操作码	操作数地址

指令执行过程分为取指令、分析指令以及执行指令等几个步骤。

(1) 取出指令和分析指令。首先根据计算机所指出的现行指令地址,从内存中取出该条指令的指令码,并送到控制器的指令寄存器中,然后对所取的指令进行分析,即根据指令中的操作码进行译码,确定计算机应进行什么操作。译码信号被送往操作控制部件,和时序电位、测试条件配合,产生执行本条指令相应的控制电位序列。

(2) 执行指令。根据指令分析结果,由操作控制部件发出完成操作所需要的一系列控制电位,指挥计算机有关部件完成这一操作,同时为取下一条指令做好准备。

由此可见,控制器的工作就是取指令、分析指令、执行指令的过程。周而复始地重复这一过程,就构成了执行指令序列(程序)的自动控制过程。

2. 指令系统

指令系统是计算机所能执行的全部指令的集合,它描述了计算机内全部的控制信息和"逻辑判断"能力。不同计算机的指令系统包含的指令种类和数目也不同,但一般均包含算术运算型、逻辑运算型、数据传送型、判定和控制型、输入和输出型等指令。指令系统是表征一台计算机性能的重要因素,它的格式与功能不仅直接影响到机器的硬件结构,而且也直接影响到系统软件和机器的适用范围。

回顾计算机的发展历史,指令系统的发展经历了从简单到复杂的演变过程。早在 20 世纪 50 年代至 60 年代,计算机大多数由分立元件的晶体管或电子管组成,体积庞大,价格也昂贵,计算机的硬件结构比较简单,所支持的指令系统也只有十几至几十条最基本的指令,而且寻址方式简单。到 20 世纪 60 年代中期,随着集成电路的出现,计算机的功耗、体积、价格等不断下降,硬件功能不断增强,指令系统也越来越丰富。到 20 世纪 70 年代,高级语言已成为大、中、小型机的主要程序设计语言,计算机应用日益普及。由于软件的发展超过了软件设计理论的发展,复杂的软件系统设计一直没有很好的理论指导,导致软件质量无法保证,从而出现了所谓的"软件危机"。人们认为,缩小机器指令系统与高级语言的语义差距,可为高级语言提供更多的支持,是缓解软件危机有效和可行的办法。计算机设计者们利用当时已经成熟的微程序技术和飞速发展的 VLSI 技术,增设各种各样复杂的、面向高级语言的指令,使指令系统越来越庞大。这是几十年来人们在设计计算机时,保证和提高指令系统有效性方面传统的想法和做法。按这种传统方法设计的计算机系统称为复杂指令集计算机(Complex Instruction Set Computer,CISC)。精简指令集计算机(Reduced Instruction Set Computer,RISC)是近代计算机体系结构发展史中的一个里程碑。然而,直到现在 RISC 还没有一个确切的定义。20 世纪 90 年代初,IEEE 的 Michael Slater 对 RISC 的定义做了如下描述:RISC 处理器所设计的指令系统,应使流水线处理能高效率执行,并使优化编译器能生成优化代码。

2.2.2　CPU 的结构与原理

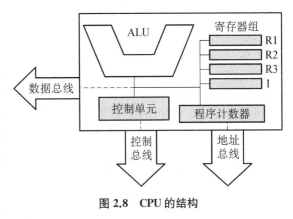

图 2.8　CPU 的结构

计算机中能够执行各种指令、进行数据处理的部件称为中央处理器。中央处理器 CPU(Central Processing Unit)是电子计算机的主要设备之一,其功能主要是解释计算机指令以及处理计算机软件中的数据,CPU 是 PC 不可缺少的组成部分,它担负着运行系统软件和应用软件的任务。CPU 是计算机中的核心配件,是一台计算机的运算核心和控制核心。计算机中所有操作都由 CPU 负责读取指令、对指令进行译码并执行。一台计算机至少包含 1 个 CPU,也可以包含 2 个、4 个、8 个甚至更多个 CPU。CPU 包括运算逻辑部件、寄存器部件和控制部件。图 2.8 为 CPU 的结构。

CPU 从存储器或高速缓冲存储器中取出指令,放入指令寄存器,并对指令进行译码。它把指令分解成一系列的微操作,然后发出各种控制命令,执行微操作系列,从而完成一条指令的执行。

运算逻辑部件可以执行定点或浮点的算术运算操作、移位操作以及逻辑操作,也可执行地址的运算和转换。

寄存器部件包括通用寄存器、专用寄存器和控制寄存器。通用寄存器是中央处理器的重要组成部分,大多数指令都要访问到通用寄存器,为了暂存结果,CPU 中包含几十个甚至上百个寄存器,用来临时存放数据。通用寄存器的宽度决定计算机内部的数据通路宽度,其端口数目往往可影响内部操作的并行性。专用寄存器是为了执行一些特殊操作所需要的寄存器。控制寄存器通常用来指示机器执行的状态,或者保持某些指针,包括处理状态寄存器、地址转换目录的基地址寄存器、特殊状态寄存器、条件码寄存器、处理异常事故寄存器以及检错寄存器等。有的时候,中央处理器中还有一些缓存,用来暂时存放一些数据指令,缓存越大,说明 CPU 的运算速度越快。

控制部件主要负责对指令进行译码,并且发出为完成每条指令所要执行的各个操作的控制信号,指挥和控制各个部件协调一致地工作。其结构有两种:一种是以微存储为核心的微程序控制方式;一种是以逻辑硬布线结构为主的控制方式。微存储中保持微码,每一个微码对应于一个最基本的微操作,又称微指令;各条指令是由不同序列的微码组成,这种微码

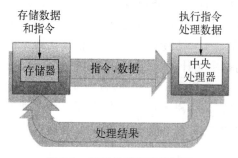

图 2.9　CPU 执行程序的过程

序列构成微程序。中央处理器在对指令进行译码以后,即发出一定时序的控制信号,按给定序列的顺序以微周期为节拍执行由这些微码确定的若干个微操作,即可完成某条指令的执行。简单指令是由 3～5 个微操作组成,复杂指令则要由几十个微操作甚至几百个微操作组成。逻辑硬布线控制器则完全是由随机逻辑组成,指令译码后,控制器通过不同的逻辑门的组合,发出不同序列的控制时序信号,直接去执行一条指令中的各个操作。图 2.9 显示 CPU 执行指令的过程。

2.2.3　CPU 的性能指标

计算机的性能在很大程度上是由 CPU 决定的。CPU 的性能主要表现在程序执行速度的快慢上,而程序执行的速度与 CPU 相关的因素有很多。这些相关因素有:

(1) 字长(位数)。字长指的是 CPU 中整数寄存器和定点运算器的宽度(即二进制整数运算的位数)。由于存储器的地址是整数,整数运算是定点运算器完成的,因而定点运算器的宽度就大致决定了地址码位数的多少,而地址码的长度决定了 CPU 可以访问的存储器的最大空间,这是影响 CPU 性能的一个重要因素。近些年来主流使用的 Core i3/i5/i7 已经扩充到 64 位。

(2) 主频(CPU 时钟频率)。即 CPU 中的电子线路的工作频率,它决定着 CPU 芯片内部数据传输与操作的速度。一般而言,主频越高,执行一条指令需要的时间就越短,CPU 的处理速度就越快。

(3) CPU 总线速度。CPU 总线(前端总线)的工作频率和数据线宽度决定着 CPU 与内存之间传输数据的速度的快慢。一般情况下,总线速度越快,CPU 的性能将发挥得越充分。

(4) 高速缓存(Cache)的容量与结构。程序运行过程中高速缓存有利于减少 CPU 访问内存的次数。通常,高速缓存容量越大,级数越高,其效用就越显著。

(5) 指令系统。指令的类型和数目、指令的功能都会影响程序的执行速度。

(6) 逻辑结构。CPU 包含的定点运算器和浮点运算器数目、是否具有数字信号处理功能、有无指令预测和数据预测功能、流水线结构和级数等都对指令的执行速度有影响,甚至对一些特定应用有极大的影响。

2.3　存储系统

2.3.1　内存储器

存储器(memory)是计算机系统中的记忆设备,用来存放程序和数据。计算机中的全部信息,包括输入的原始数据、计算机程序、中间运行结果和最终运行结果都保存在存储器中。它根据控制器指定的位置存入和取出信息。

存储器按用途可分为主存储器(内存)和辅助存储器(外存)。内存指主板上的存储部件,用来存放当前正在执行的数据和程序,但仅用于暂时存放程序和数据,关闭电源或断电后,数据就会丢失。外存能长期保存信息。CPU 可以直接访问内存,不能直接访问外存,外存要与 CPU 或 I/O 设备进行数据传输必须通过内存进行。

内存的存取速度快而容量较小,外存的存取速度较慢而容量相对很大。通常存取速度较快的存储器成本较高,速度较慢的存储器成本较低。为了使存储器的性能价格比得到优化,计算机中各种内存储器和外存储器呈塔式层次结构,如图 2.10 所示。

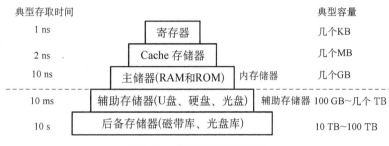

图 2.10 存储器的层次结构

一般常用的微型计算机的存储器有磁芯存储器和半导体存储器,目前微型机的内存都采用半导体存储器。半导体存储器从使用功能上分为随机存储器(Random Access Memory,RAM,又称读写存储器)和只读存储器(Read Only Memory,ROM)。

RAM 目前多采用 MOS 型半导体集成电路芯片制成,根据其保存数据的原理又分为 DRAM 和 SRAM 两种。

(1) DRAM(动态随机存取存储器)芯片的电路简单,集成度高,功耗小,成本较低,适合用于内存储器的主体部分,但是它的速度较慢,一般要比 CPU 慢得多,因此出现了许多不同的 DRAM 结构,以改善其性能。

(2) SRAM(静态随机存取存储器)与 DRAM 相比,它的电路较复杂,集成度低,功耗较大,制造成本高,价格贵,但工作速度很快,适合用作高速缓冲存储器。

无论是 DRAM 还是 SRAM,当关机或断电时,其中的信息都将随之丢失,这是 RAM 与 ROM 的一个重要区别。

RAM 有以下特点:可以读出,也可以写入;读出时并不损坏原来存储的内容,只有写入时才修改原来存储的内容;断电后,存储内容立即消失,即具有易失性。

ROM 是只读存储器。顾名思义,它的特点是只能读出原有的内容,不能由用户再写入新内容。原来存储的内容是采用掩膜技术由厂家一次性写入的,并永久保存下来。它一般用来存放专用的固定的程序和数据,不会因断电而丢失。按照 ROM 的内容是否能在线改写,ROM 可分为以下两类:

(1) 不可在线改写的 ROM。如掩膜 ROM、PROM 和 EPROM,前两种不能改写,后一种必须通过专用设备改写其中的内容。

(2) Flash ROM(闪存)。是一种非易失性存储器,但又能像 RAM 一样能方便地写入信息。它的工作原理是:在低电压下,它所存储的信息可读不可写,这时类似于 ROM;而在高电压下,所存储的信息可以更改和删除,这时类似于 RAM。因此,Flash ROM 在 PC 机中可以在线写入,信息一旦写入则相对固定。

图 2.11 运用闪存卡的电子产品

闪存卡(Flash Card)是利用闪存(Flash Memory)技术达到存储电子信息的存储器,一般应用在数码相机、掌上电脑、MP3 等小型数码产品中作为存储介质,所以样子小巧,犹如一张卡片,所以称之为闪存卡。根据不同的生产厂商和不同的应用,闪存卡大概有 Smart Media(SM 卡)、Compact Flash(CF 卡)、MultiMedia Card(MMC 卡)、Secure Digital(SD 卡)、Memory Stick(记忆棒)、XD-Picture Card(XD 卡)和微硬盘(Micro Drive)。这些闪存卡虽然外观、规格不同,但是技术原理都是相同的。

图 2.11 为运用闪存卡的电子产品。

2.3.2 主存储器

在计算机中,一般用半导体存储器 DRAM 作为主存储器,存放当前正在执行的程序和数据。主存储器简称主存,是计算机硬件的一个重要部件,其作用是存放指令和数据,并能由中央处理器(CPU)直接随机存取。

主存储器的性能指标主要是存储容量、存取时间和存储周期。

半导体 DRAM 芯片包含大量的存储单元,每个存储单元可以存放 1 个字节(8 个二进制位)。在一个存储器中容纳的存储单元总数通常称为该存储器的存储容量。目前 PC 机中无论内存还是外存,存储容量至少用 GB 来表示。

存储时间,又称存储器访问时间,是指从启动一次存储器操作到完成该操作所经历的时间。具体来讲,从一次"读"操作命令发出到该操作完成,将数据"读"入数据缓冲寄存器为止所经历的时间,即为存储器访问时间。

存储周期是指连续启动两次独立的存储器操作(如连续两次"读"操作)所需间隔的最小时间。通常存储周期略大于存储时间,其时间单位为 ns(1 ns=10^{-9} s)。

主存储器在物理结构上由若干内存条组成,内存条是把若干片 DRAM 芯片焊接在一小条印制电路板上做成的部件。内存条必须插入主板中相应的内存插槽中才能使用,如图 2.12 所示。现在服务器、PC 机和智能手机等广泛使用的 DDR3 和 DDR4 均采用双列直插式内存条(DIMM 内存条),其触点分布在内存条的两面,故称为双列直插式。PC 机主板上一般都配备有 2 个或 4 个DIMM 插座。

图 2.12 内存条

2.3.3 存储系统

计算机系统用两个或两个以上速度、容量和价格各不相同的存储器用硬件、软件、或软件与硬件相结合的方法连接起来成为一个系统,这就是存储系统。存储系统对应用程序员透明,并且,从应用程序员的角度看,它是一个存储器,这个存储器的速度接近速度最快的那个存储器,存储容量与容量最大的那个存储器相等或接近,单位容量的价格接近最便宜的那个存储器。

当前流行的计算机系统中,广泛采用由三种运行原理不同、性能差异很大的存储介质,来分别构建高速缓冲存储器、主存储器和虚拟存储器,再将它们组成通过计算机硬软件统一管理与调度的三级结构的存储器系统,如图 2.13 所示。

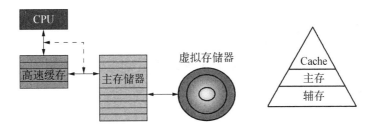

图 2.13 现代计算机三级结构存储系统

1. 高速缓冲 cache

cache 是一种高速缓冲器,为解决 CPU 与主存之间速度不匹配而采用的一项重要技术。把程序中的活跃部分存入一个比主存速度高十几倍,乃至几十倍的快速存储器中,使得 CPU 访问内存操作的大多数是在这个快速存储器中进行,就会使访问内存的速度大大加快。这个快速存储器插入 CPU 和主存之间,它以主存为依托直接面向 CPU,起到了减少存取时间和缓冲的作用。cache 存储器介于 CPU 和主存之间,它的工作速度数倍于主存,全部功能均由硬件实现。由于转换速度快,软件人员丝毫未感到 Cache 的存在,这种特性称为 cache 的透明性。cache 通常由 SRAM 组成。

高速缓冲存储器是一种特殊的存储器子系统,它复制了频繁使用的数据以利于快速访问。高速缓冲存储器存储了频繁访问的 RAM 位置的内容及这些数据项的存储地址,当处理器引用存储器中的某地址时,高速缓冲存储器便检查是否存有该地址,如果存有该地址,则将数据返回处理器,如果没有保存该地址,则进行常规的存储器访问。

2. 虚拟存储器

虽然计算机的内存容量不断扩大,但限于成本和安装空间有限等原因,其容量总有一定的限制。主存储器容量限制了机内可运行的程序大小,如果需要运行的程序(包括系统程序和应用程序)比主存容量大,那么该程序将无法在机内运行。虚拟存储技术首先是为了克服内存空间不足而提出的,借助于磁盘等辅助存储器来扩大主存容量,供 CPU 使用。有了虚拟存储器,用户无须考虑所编程序在主存中是否放得下或放在什么位置等问题。从用户的角度来看,该系统所具有的内存容量比实际的内存容量大得多。

在虚拟存储器中,主存储器称为"主存",而虚存空间是一个比实际存储空间大得多的存储空间,其大小取决于所能够提供的虚拟地址的长度。存储管理工作是操作系统的一项非常重要的任务。现在操作系统一般都采用虚拟存储技术进行存储管理。

虚拟存储技术的基本思想:用户在一个逻辑空间很大的虚拟存储器中编程和运行程序,程序及其数据被划分成了一个个"页面",每页为固定大小。在启动一个任务而向内存装入程序及数据时,仅仅是将当前要执行的一部分程序和数据页面装入内存,其余的页面放在硬盘所提供的虚拟内存中,然后开始执行程序。在程序执行过程中,如果需要执行的指令或者访问的数据不在物理内存中,则称为缺页,此时由 CPU 通知操作系统中的存储管理程序,将所缺的页面从位于外存的虚拟内存调入实际的物理内存,然后再继续执行程序。其中,为了腾出空间来存放将要装入的程序,存储管理程序也应将物理内存中暂时不使用的页面调出保存到外存的虚拟内存中,页面的调入和调出完全由存储管理程序完成。此部分在 3.14 节也有解释。

2.4　PC 的主机

通常看到的 PC,一般由机箱、显示器、键盘、鼠标器和打印机等部件组成。机箱内有主板、硬盘、光驱、电源、风扇等组件,其中主板上安装了 CPU、内存、总线、I/O 控制器等组件,它们是 PC 的核心。

2.4.1　PC 机的主板与芯片组

1. 主板

主板又称母板,在主板上通常安装有 CPU 插座、芯片组、存储器插槽、扩充卡插槽、显卡插槽、BIOS、CMOS 存储器、辅助芯片和若干用于连接外围设备的 I/O 插口,如图 2.14 所示。

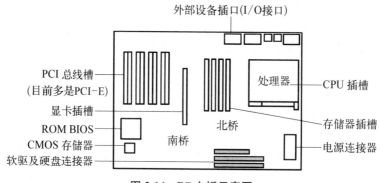

图 2.14　PC 主板示意图

CPU 芯片和内存条分别通过 CPU 插座和存储器的插槽与主板结合为一体,而 PC 常用的外围设备则通过主板上安装或集成的扩充卡(如声卡、显卡、网卡等)或 I/O 接口与主板连接,扩充卡借助卡上的印刷插口安装在主板的 PCI 或 PCI-E 总线插槽中。随着集成电路和计算机设计技术的不断发展,越来越多的扩充卡的功能被部分或全部集成到主板上。为了便于不同 PC 主板的互换,主板的物理尺寸采用标准化设计。

主板上还有两组特别重要的集成电路:一组是闪存(flash memory),其中存放的是基本输入/输出系统(BIOS),它是 PC 软件中最基础的部分,没有它机器就没法启动;另一组是存放与计算机系统相关的参数(配置信息)的 CMOS 存储器。CMOS 存储器使用独立的电源供电,即使计算机关机后,它也不会因断电丢失所存储的信息,但如果出现电源断电、短路的情况,CMOS 将遗失当前日期和时间等配置信息。

2. 芯片组

芯片组安装在 PC 机主板上,是主板上连接各组成部件之间的信息传输桥梁。它既实现了 PC 总线控制功能,又提供了各种 I/O 接口及相关的控制。对于主板而言,芯片组几乎决定了这块主板的功能,进而影响到整个计算机系统性能的发挥。芯片组是主板的灵魂,芯片组性能的优劣,决定了主板性能的好坏与级别的高低。这是因为目前 CPU 的型号与种类繁多、功能特点不一,如果芯片组不能与 CPU 良好地协同工作,将严重影响计算机的整体性能,甚至不能正常工作。

芯片组原先一共有两块集成电路:北桥芯片和南桥芯片。北桥芯片是存储控制中心,用于高速连接 CPU、内存条、显卡,并与南桥芯片互连;南桥芯片是 I/O 控制中心,主要与 PCI 总线槽、USB 接口、硬盘接口、音频编解码器、BIOS 和 CMOS 存储器等连接,CPU 的时钟信号也由芯片组提供。主板芯片组几乎决定着主板的全部功能,其中 CPU 的类型、主板的系统总线频率和内存类型、容量和性能以及显卡插槽规格是由芯片组中的北桥芯片决定的;而扩展槽的种类与数量、扩展接口的类型和数量(如 USB,IEEE 1394,串口,并口,笔记本电脑的 VGA 输出接口)等,是由芯片组的南桥决定的。还有些芯片组由于纳入了 3D 加速显示(集成显示芯片)、AC97 声音解码等功能,还决定着计算机系统的显示性能和音频播放性能等。随着集成电路技术的进步,北桥芯片的大部分功能(如内存控制、显卡接口等)已经集成在 CPU 芯片中,其他功能则合并至南桥芯片,所以现在只需要 1 块芯片(单芯片的芯片组)即可完成系统的所有硬件连接。目前广泛使用的 Core i9/i7/i5/i3、赛扬、奔腾等 CPU 芯片都是如此。

2.4.2 CMOS 与 BIOS

基本输入/输出系统(Basic Input Output System,BIOS)是一组固化到主板 Flash ROM 芯片上的程序,它保存着计算机最重要的基本输入/输出程序、系统设置信息、开机后自检程序和系统自启动程序。其主要功能是为计算机提供最底层、最直接的硬件设置和控制。

BIOS 中主要存放下列内容:

(1)自诊断程序。通过读取 CMOS RAM 中的内容识别硬件配置,并对其进行自检和初始化。

(2)互补金属氧化物半导体内存(Complementary Metal Oxide Semiconductor,CMOS)设置程序。计算机引导过程中,用特殊热键启动,进行相应设置后,存入 CMOS RAM 中。

(3)系统自检装载程序。在自检成功后将磁盘相对 0 道 0 扇区上的引导程序装入内存,让其运行以装入操作系统。

(4)主要 I/O 设备的驱动程序和中断服务。在计算机启动阶段实现对键盘、显示器、软驱和硬盘等常用外部设备输入输出操作的控制。

CMOS 是一种只需要极少电量就能存放数据的芯片。由于能耗极低,CMOS 内存可以由集成到主板上的一个小电池供电,这种电池在计算机通电时还能自动充电。因为 CMOS芯片可以持续获得电量,所以即使在关机后,它也能保存有关计算机系统配置的重要数据。

由于CMOS与BIOS都跟计算机系统设置密切相关,所以才有CMOS设置和BIOS设置的说法。CMOS是计算机主机板上一块特殊的RAM芯片,是系统参数存放的地方(如系统的日期和时间,系统口令,系统中安装的软盘、硬盘、光盘驱动器的数目、类型及参数,显示卡的类型,Cache的使用状况,启动系统时访问外存储器的顺序),而BIOS中系统设置程序是完成参数设置的手段。因此,准确的说法应是通过BIOS设置程序对CMOS参数进行设置。事实上,BIOS程序是储存在主板上一块EEPROM Flash芯片中的,CMOS存储器是用来存储BIOS设定后的要保存的数据,包括一些系统的硬件配置和用户对某些参数的设定,比如传统BIOS的系统密码和设备启动顺序等。

2.4.3 微机总线

微机中总线一般有内部总线、系统总线和外部总线。内部总线是微机内部各外围芯片与处理器之间的总线,用于芯片一级的互连;而系统总线是微机中各插件板与系统板之间的总线,用于插件板一级的互连;外部总线则是微机和外部设备之间的总线,微机作为一种设备,通过该总线和其他设备进行信息与数据交换,它用于设备一级的互连。

系统总线又称内总线(internal bus)或板级总线(board-level bus)或计算机总线(microcomputer bus)。因为该总线是用来连接微机各功能部件而构成一个完整微机系统的,所以称之为系统总线。系统总线是微机系统中最重要的总线,人们平常所说的微机总线就是指系统总线。根据系统总线上所传输的内容又可以分为数据总线、地址总线以及控制总线。

PC机的总线曾经很长一段时间使用外围元件互连结构(Peripheral Component Interconnect, PCI),这是一种高性能的32位局部总线。它由Intel公司于1991年底提出,后来又联合IBM、DEC等100多家PC业界主要厂家,于1992年成立PCI集团,称为PCISIG,进行统筹和推广PCI标准的工作。它主要用于高速外设的I/O接口和主机相连。采用自身33MHz的总线频率,数据线宽度为32位,可扩充到64位,所以数据传输率可达132 MB/s~264 MB/s。可同时支持多组外围设备。

PCI-E(PCI Express)总线采用的也是业内流行这种点对点串行连接,他是对PCI总线的改进,比起PCI以及更早期的计算机总线的共享并行架构,每个设备都有自己的专用连接,不需要向整个总线请求带宽,而且数据传输频率很高,达到PCI所不能提供的高带宽。

PCI-E有多种不同速度的接口模式,这包括了1X、2X、4X、8X、16X以及更高速的32X。PCIE 1X模式的传输速率便可以达到250 MB/S,接近原有PCI接口133 MB/s的两倍,大大提升了系统总线的数据传输能力。而其他模式,如8X、16X的传输速率便是1X的8倍和16倍。可以看出PCI-E不论是系统的基础应用,还是3D显卡的高速数据传输,都能够应付自如,这也为厂商的产品设计提供了广阔的空间。

系统总线的重要性能指标就是总线的带宽(单位时间内可传输的最大数据量)。经历多次技术演变,从早期的ISA总线、EISA总线到PCI总线、PCI-X总线,再到现在广泛使用的PCI-Express总线,带宽越来越高,性能越来越好。

2.5 外设

2.5.1 常用输入设备

输入设备是外围设备的一部分,是计算机系统与人或其他机器之间进行信息交换的装置,其功能是把数据、命令、字符、图形、图像、声音或电流、电压等信息,变成计算机可以接收和识别的二进制数字代码,供计算机进行运算处理。输入设备包含键盘、鼠标、光笔、触屏、跟踪球、控制杆、数字化仪、扫描仪、语音输入、手写汉字识别以及纸带输入机、卡片输入机、光学字符阅读机(OCR)等。

1. 键盘

键盘(keyboard)是最重要且必不可少的计算机输入设备,它广泛应用于微型计算机和各种终端设备上。计算机操作者通过键盘向计算机输入各种指令、数据,指挥计算机的工作。计算机的运行情况输出到显示器,操作者可以很方便地利用键盘和显示器与计算机"对话",对程序进行修改、编辑,控制和观察计算机的运行。

一般 PC 键盘的分类可以根据按键数、按键工作原理、键盘外形等分类。

按照键盘的工作原理和按键方式的不同,可以划分为 4 种。

(1) 机械键盘(mechanical)采用类似金属接触式开关,工作原理是使触点导通或断开,具有工艺简单、噪声大、易维护的特点。

(2) 塑料薄膜式键盘(membrane)键盘内部共分 4 层,实现了无机械磨损。其特点是低价格、低噪音和低成本,已占领市场绝大部分份额。

(3) 导电橡胶式键盘(conductive rubber)的触点结构是通过导电橡胶相连。键盘内部有一层凸起带电的导电橡胶,每个按键都对应一个凸起,按下时把下面的触点接通。这种类型的键盘是市场由机械键盘向薄膜键盘的过渡产品。

(4) 无接点静电电容键盘(capacitives)使用类似电容式开关的原理,通过按键时改变电极间的距离引起电容容量改变从而驱动编码器。特点是无磨损且密封性较好。

早期台式 PC 机键盘的接口有 AT 接口和 PS/2 接口,现在则多采用 USB 接口。无线键盘采用蓝牙、红外线等无线通信技术,它与主机之间没有直接的物理连线,而是通过无线电波或红外线将输入信息传送给计算机上安装的专用接收器,距离可达几米,因此操作非常方便。

智能手机和平板电脑使用的是"软键盘"(虚拟键盘)。它可以让用户能像操作普通键盘一样轻易地打出文章或电子邮件。当用户需要使用键盘输入信息时,屏幕上就会出现虚拟键盘,用户用手指触摸其中的按键即可输入相应的信息,不使用时,虚拟键盘会从屏幕上消失。

2. 鼠标

鼠标从出现到现在已经有 50 多年的历史了。鼠标(mouse)又称为鼠标器,其全称为显示系统纵横位置指示器,是目前计算机上最常用的输入设备之一,是控制显示屏上光标移动位置的一种指点式设备。在软件的支持下,通过鼠标上的按键向计算机发出命令,或完成某些特定的操作。

可按不同标准对鼠标进行如下分类。

(1) 按工作原理的不同可分为机械鼠标和光电鼠标,图 2.15(a)是光电鼠标原理图,图 2.15(b)是机械鼠标原理图。

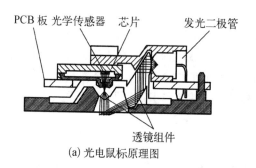
PCB 板 光学传感器 芯片   发光二极管
透镜组件
(a) 光电鼠标原理图

(b) 机械鼠标原理图

图 2.15   鼠标原理图

(2) 按接口类型可分为串行鼠标、PS/2 鼠标、总线鼠标、USB 鼠标(多为光电鼠标)4 种。串行鼠标通过串行口与计算机相连,有 9 针接口和 25 针接口两种;PS/2 鼠标通过一个 6 针微型 DIN 接口与计算机相连,它与键盘的接口非常相似,使用时注意区分;总线鼠标的接口在总线接口卡上;USB 鼠标通过一个 USB 接口,直接插在计算机的 USB 接口上。

(3) 按外形分为两键鼠标、三键鼠标、滚轴鼠标和感应鼠标。两键鼠标和三键鼠标的左、右按键功能完全一致,一般情况下用不着三键鼠标的中间按键,但在使用某些特殊软件(如 AutoCAD 等)时,这个键也会起一些作用;滚轴鼠标和感应鼠标在笔记本电脑上用得很普遍,往不同方向转动鼠标中间的小圆球,或在感应板上移动手指,光标就会向相应方向移动,当光标到达预定位置时,按一下鼠标或感应板,就可执行相应功能。

另外,还有无线鼠标和 3D 振动鼠标在此不做一一介绍。

3. 笔输入设备

随着网络的不断普及,PC 也随之进入了千家万户,但使用键盘输入汉字仍会使许多用户头疼,给一些年纪大的用户造成障碍。此外,个人数字助理(PDA)、手持计算机(HPC)和手机等移动信息设备等受体积的限制,也需要一种能够同时替代键盘和鼠标的工具,笔输入设备也就应运而生,如图 2.16 所示。它由硬件和软件两部分组成,硬件部分包括"笔"与供书写和定位的手写板,手写板又有电磁式和电阻式两种。用户用笔以平常书写的习惯,把要输入的汉字等写在书写板上,由软件自动进行识别,然后保存。

图 2.16   笔输入设备

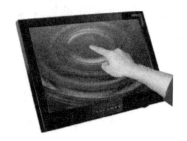
图 2.17   触摸屏

触摸屏是透明的,可以安装在任何一台显示屏的外面(表面)。使用时,显示屏上根据实际应用的需要,显示出用户所需控制的项目或查询内容(或标题)供用户选择,用户只要用手指(或其他物品)点一下所选择的项目(或标题)即可由触摸屏将信息送到计算机中。实际上触摸屏是一种定位设备,用户通过与触摸屏的直接接触向计算机输入接触点的坐标,其后计算机根据相对的内容进行工作。触摸屏系统一般包括触摸屏控制器(卡)和触摸屏检测装置两部分。图2.17为触摸屏的一种。

目前智能手机上流行使用"多点触摸屏"。区别于传统的单点触摸屏,多点触摸屏的最大特点在于可以多个手指,甚至多个人,同时操作屏幕的内容,更加方便与人性化。

4. 扫描仪

扫描仪是利用光电技术和数字处理技术,以扫描方式将图形或图像信息转换为数字信号的装置。具体来说,扫描仪(scanner)是一种计算机外设,通过捕获图像并将之转换成计算机可以显示、编辑、存储和输出的数字化输入设备。照片、文本页面、图纸、美术图画、照相底片、菲林软片,甚至纺织品、标牌面板、印制板样品等三维对象都可作为扫描对象,提取并将原始的线条、图形、文字、照片、平面实物转换成可以编辑的文档。扫描仪属于计算机辅助设计(CAD)中的输入系统,通过计算机软件和计算机输出设备(激光打印机、激光绘图机)接口,组成印前计算机处理系统,适用于办公自动化(OA),广泛应用在标牌面板、印制板、印刷行业等。

扫描仪可分为滚筒式扫描仪、平面扫描仪和后期出现的笔式扫描仪、便携式扫描仪、馈纸式扫描仪、胶片扫描仪、底片扫描仪、名片扫描仪等。

笔式扫描仪出现在2000年左右,扫描宽度大约与四号汉字相同,使用时,贴在纸上一行一行地扫描,主要用于文字识别,但随着科技的发展,可以扫描A4幅度大小的纸张,最高精度可达400 dpi。最初只能扫描黑白页面,现在不但可以扫描彩色,还可以扫描照片、名片等。

便携式扫描仪强调的是小巧便携,拥有A4大小的扫描幅度,其扫描功能与传统的台式扫描仪并无差别,既能脱机扫描,又便于携带,可随时随地进行扫描工作,应用于移动办公与现场执法等要求快速扫描的场合,并且其扫描对象在传统台式扫描仪的基础上,更便于商务办公与现场执法时进行身份证、票据、护照、合同文档的扫描。它与笔式扫描仪最大的区别是:笔式扫描仪类中有些扫描仪是逐行扫描的,不可扫描图片只能扫描文字。

滚筒式扫描仪一般使用光电倍增管(Photo Multiplier Tube,PMT),因此它的密度范围较大,而且能够分辨出图像更细微的层次变化。而平面扫描仪使用的是光电耦合器件(Charged-Coupled Device,CCD),故其扫描的密度范围较小。CCD是一长条状感光元器件,在扫描过程中用来将图像反射过来的光波转化为数字信号,平面扫描仪使用的CCD大都是彩色图像感光器,图2.18所示为滚筒扫描仪。

图2.18　滚筒扫描仪

平面扫描仪如图2.19所示。扫描仪的工作原理如下:平面扫描仪获取图像的方式是先将光线照射在扫描的材料上,光线反射回来后由CCD

图 2.19　平面扫描仪

光敏元件接收并实现光电转换。

当扫描不透明的材料如照片、打印文本以及标牌、面板、印制板实物时，由于材料上黑的区域反射较少的光线，亮的区域反射较多的光线，而 CCD 器件可以检测图像上不同光线反射回来的不同强度的光，通过 CCD 器件将反射光光波转换成数字信息，用 1 和 0 的组合表示，最后由控制扫描仪操作的扫描仪软件读入这些数据，并重组为计算机图像文件。

当扫描透明材料如制版菲林软片、照相底片时，扫描工作原理相同，有所不同的是此时不是利用光线的反射，而是让光线透过材料，再由 CCD 器件接收，扫描透明材料需要特别的光源补偿——透射适配器(TMA)装置来完成这一功能。

滚筒式扫描仪与平台式扫描仪的主要区别是滚筒式扫描仪采用 PMT(光电倍增管)光电传感技术，而不是 CCD，能够捕获到正片和原稿最细微的色彩。一台 4 000 dpi 分辨率的滚筒式扫描仪，按常规的 150 线印刷要求，可以把一张 4×5 的正片放大 13 倍。现在的滚筒式扫描仪可以与苹果机或 PC 机相连接，扫描得到的数字图像可用 Photoshop 等软件做需要的修改和色彩调整。而平板扫描仪则是由 CCD 器件来完成扫描工作的。其工作原理不同，决定了两种扫描仪性能上的差异。最高密度范围不同：滚筒扫描仪的最高密度可达 4.0，而一般中低档平板扫描仪只有 3.0 左右。因而滚筒扫描仪在暗调的地方可以扫出更多细节，并提高了图像的对比度。图像清晰度不同：滚筒扫描仪有四个光电增管，三个用于分色(红、绿和蓝色)，另一个用于虚光蒙版，它可以使不清楚的物体变为更清晰，可提高图像的清晰度，而 CCD 则没有这方面的功能。图像细腻程度不同：用光电倍增管扫描的图像输出印刷后，其细节清楚，网点细腻，网纹较小，而平板扫描仪扫描的照片质量在图像的精细度方面相对来说要差些。

扫描仪的主要性能指标有：

(1) 分辨率是扫描仪最主要的技术指标。它表示扫描仪对图像细节上的表现能力，即决定了扫描仪所记录图像的细致度，其单位为 ppi(pixels per inch)，通常用每英寸长度上扫描图像所含有像素点的个数来表示。目前大多数扫描的分辨率在 300~2 400 ppi 之间。ppi 数值越大，扫描的分辨率越高，扫描图像的品质越高，但这是有限度的。当分辨率大于某一特定值时，只会使图像文件增大而不易处理，并不能对图像质量产生显著的改善。对于丝网印刷应用而言，扫描到 6 000 ppi 就已经足够了。

(2) 灰度级表示图像的亮度层次范围。级数越多扫描仪图像亮度范围越大、层次越丰富，目前多数扫描仪的灰度为 256 级。

(3) 色彩数表示彩色扫描仪所能产生颜色的范围。通常用表示每个像素点颜色的数据位数即比特位(bit)表示。例如常说的真彩色图像指的是每个像素点由 3 个 8 比特位的彩色通道所组成，即 24 位二进制数表示，红、绿、蓝通道结合可以产生 $2^{24}=16.67$ M 种颜色的组合，色彩数越多扫描图像越鲜艳真实。

(4) 扫描速度。有多种表示方法，因为扫描速度与分辨率、内存容量、磁盘存取速度以及显示时间、图像大小有关，通常用指定的分辨率和图像尺寸下的扫描时间来表示。

(5) 扫描幅面。表示扫描图稿尺寸的大小，常见的幅面有 A4、A3、A0 等。

(6) 与主机的接口。指与计算机之间的连接方式，现常用 USB 接口。

5. 数码相机

数码相机(Digital Camere,DC),是一种利用电子传感器把光学影像转换成电子数据的照相机,它是除扫描仪以外的另一种重要的图像输入设备。与普通照相机在胶卷上靠溴化银的化学变化来记录图像的原理不同,数码相机的传感器是一种光感应式的电荷耦合组件(CCD)或互补金属氧化物半导体(CMOS),可以直接将照片以数字信息记录下来,具有数字化存取模式、与计算机交互处理和实时拍摄等特点。

数码相机是集光学、机械、电子为一体的产品,它集成了影像信息的转换、存储和传输等部件。光线通过镜头或者镜头组进入相机,通过成像元件(CCD 或者 CMOS,该成像元件的特点是光线通过时,能根据光线的不同转化为电子信号)转化为数字信号,数字信号通过影像运算芯片储存在存储设备(通常是使用闪存制作的存储卡)中。然后通过 USB 等传输到计算机中,进行处理或显示,或通过打印机打印,也可以与电视等视频设备连接进行观看。

数码相机按用途可分为:单反相机、微单相机、卡片相机、长焦相机和家用相机等。

数码相机的一个重要性能指标就是它的 CCD 成像芯片的像素数目。像素数目越多,数码相机所拍摄出来的影像分辨率(清晰度)就越高,图像的质量就越好。目前普通的数码相机的像素数目都能达到千万级别。

数码相机另一个性能指标就是它的存储卡的容量和存取速度。在相片分辨率和质量要求相同的情况下,存储卡的容量越大,可存储的数字相片就越多。

2.5.2　常用输出设备

输出设备的功能是把计算机处理的结果,变成最终可以识别的数字、文字、图形、图像或声音等信息,打印或显示出来,供人们分析与使用。主要有显示器、打印机、绘图仪、语音输出设备以及卡片穿孔机、纸带穿孔机等。

1. 显示器与显示卡

(1)显示器

显示器是由监视器(monitor)和显示适配器(display adapter)及有关电路和软件组成,用以显示数据、图形、图像的计算机输出设备。显示器的类型和性能由组成它的监视器、显示适配器和相关软件共同决定。

监视器通常使用分辨率较高的显像管作为显示部件。显像管又称为阴极射线管(CRT)。电子枪发射被调制的电子束,经聚焦、偏转后打到荧光屏上显示出发光的图像。彩色显像管有产生红、绿、蓝 3 种基色的荧光屏和激励荧光屏的 3 个电子束。只要三基色荧光粉产生的光的分量不同,就可以形成自然界的各种彩色。

除了 CRT 监视器外,液晶显示器(Liquid Crystal Display,LCD)已成为当今显示器的主流。和 CRT 显示器相比,LCD 具有工作电压低,辐射小,功耗少,不闪烁,适用于大规模集成电路驱动,体积重量轻薄,易于实现大画面显示等特点,是一种平面超薄的显示设备。目前液晶显示器在计算机、手机、数码相机、数码摄像机、电视机中广泛应用。

现在一些台式机和笔记本电脑仍在使用传统的软液晶屏,而智能手机则已进入了 IPS 硬屏时代。与传统屏液晶相比,IPS 屏技术的硬屏液晶响应速度更快,呈现的运动画面也更为流畅。它不会因为触摸而出现水纹,也不因外力按压而引起色差变化,因而成为触摸屏的首选。

除了电脑专用的 LCD 显示器外,现在液晶电视机也可以作为电脑或者智能手机的外接显示器。只需将电脑的视频输出接口(VGA、DVI、HDMI)与电视机进行连接,或者通过无线局域网借助 DLNA 技术,就可将电脑或智能手机的图像和声音传送至电视机和投影机进行输出显示。

主要性能参数有:

① 显示屏的尺寸。计算机显示器屏幕大小以显示屏的对角线长度来度量,目前常用的显示器有 15 英寸、17 英寸、19 英寸、22 英寸等。传统显示屏的宽度与高度之比一般为 4∶3,宽屏液晶显示器的宽高比为 16∶9 或 16∶10。

② 分辨率。分辨率是衡量显示器的一个重要指标。组成屏上图像的点称为像素(pixel)。分辨率指的是整屏最多可显示像素的多少,是指像素点与点之间的距离,像素数越多,其分辨率就越高。因此,分辨率通常是以像素数来计量的,如:640×480,其像素数为 307 200。其中,640 为水平像素数,480 为垂直像素数。显示器常用的分辨率有 1 024×768、1 280×1 024、1 600×1 200、1 920×1 080 等。

③ 刷新速度。显示器的刷新率指每秒钟出现新图像的数量,单位为 Hz(赫兹)。刷新率越高,图像的质量就越好,闪烁越不明显,人的感觉就越舒适。一般认为 60 Hz~72 Hz 的刷新率即可保证图像的稳定。

④ 可显示颜色数目。一个像素可显示出多少种颜色,由表示这个像素的二进制位数决定。彩色显示器的彩色是由三个基色 R、G、B 合成而得到的,因此是 R、G、B 3 个基色的二进制位位数之和决定了可显示颜色的数目。例如,R、G、B 分别用 8 位二进制位表示,则它就有 $2^{24} \approx 1\ 680$ 万种不同的颜色。

⑤ 功耗。作为计算机耗电最大的外设之一,显示器的功率消耗问题越来越受到人们的关注。美国环保局(EPA)发起了"能源之星"计划。该计划规定,在计算机非使用状态,即待机状态下,耗电低于 30 W 的计算机和外围设备均可获得 EPA 的能源之星标志,这就是人们常说的"绿色产品"。

(2)显卡

显卡全称显示接口卡(video card,graphics card),又称为显示适配器(video adapter)或显示器配置卡,简称为显卡。显卡的用途是将计算机系统所需要的显示信息进行转换驱动,并向显示器提供行扫描信号,控制显示器的正确显示,是连接显示器和个人电脑主板的重要部件。

显卡主要是由显示控制电路、图形处理器、半导体读写存储器(简称显存)只读存储器和接口电路四个部分组装成的一块电路扩展板。显示卡可直接插在计算机主板扩展槽中,也可与主板集成在一起。前者称作为独立显卡,后者称为集成显卡。现在除了要求较高的应用之外,PC 机中不需要独立的显卡。

2. 打印设备

打印设备是计算机产生复件输出的设备,是将计算机的运算结果或中间结果以人所能识别的数字、字母、符号和图形等依照规定的格式印在相关介质上的设备。下面主要介绍常用的针式打印机、彩色喷墨打印机和激光打印机。

（1）针式打印机

针式打印机在打印机发展历史的很长一段时间上曾经占有着重要的地位。针式打印机之所以在很长的一段时间内能流行不衰，与它极低的打印成本、易用性以及单据打印的特殊用途是分不开的。当然，打印质量低、噪声大也是它无法适应高质量、高速度的商用打印需要的根结，所以现在只有在银行、超市等用于票单打印的地方还可以看见它的踪迹。

图 2.20　针式打印机

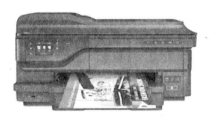

图 2.21　彩色喷墨打印机

（2）彩色喷墨打印机

彩色喷墨打印机因其有着良好的打印效果与较低的价位占领了广大中、低端市场。此外，喷墨打印机还具有更为灵活的纸张处理能力，在打印介质的选择上，喷墨打印机也具有一定的优势：既可以打印信封、信纸等普通介质，还可以打印各种胶片、照片纸、光盘封面、卷纸、T 恤转印纸等特殊介质。

（3）激光打印机

激光打印机是高科技发展的新产物，已逐渐代替喷墨打印机，分为黑白和彩色两种，为人们提供了更高质量、快速、低成本的打印方式。

图 2.22　激光打印机

激光打印机的基本原理是：利用光栅图像处理器产生要打印页面的位图，然后将其转换为电信号等一系列的脉冲送往激光发射器，在这一系列脉冲的控制下，激光被有规律地放出；与此同时，反射光束被接收的感光鼓所感光；激光发射时就产生一个点，激光不发射时就是空白，这样就在接收器上印出一行点来；然后，接收器转动一小段固定的距离继续重复上述操作；当纸张经过感光鼓时，鼓上的着色剂就会转移到纸上，印成了页面的位图；最后，当纸张经过一对加热辊后，着色剂被加热熔化，固定在了纸上，就完成打印的全过程，这整个过程准确而且高效。

虽然激光打印机的价格要比喷墨打印机昂贵得多，但从单页的打印成本上讲，激光打印机则要便宜很多。而彩色激光打印机的价位较高，所以彩打采用喷墨的多。

除了以上 3 种最为常见的打印机外，还有热转印打印机和大幅面打印机等几种应用于专业方面的打印机机型。热转印打印机是利用透明染料进行打印的，它的优势在于专业高质量的图像打印方面，可以打印出近于照片的连续色调的图片来，一般用于印前及专业图形输出。大幅面打印机的打印原理与喷墨打印机基本相同，但打印幅宽一般都能达到 24 英寸（61 cm）以上。它的主要应用场合集中在工程与建筑领域，但随着其墨水耐久性的提高和图形解析度的增加,大幅面打印机也开始被越来越多的应用于广告制作、大幅摄影、艺术写真和室内装潢等装饰宣传的领域中,已成为打印机家族中重要的一员。

打印机的主要性能指标如下:

(1) 打印精度。打印精度也就是打印机的分辨率,它用 dpi(每英寸可打印的点数)来表示,是衡量图像清晰程度最重要的指标。300 dpi 是人眼分辨文本与图形边缘是否有锯齿的临界点,再考虑到其他一些因素,因此 360 dpi 以上的打印效果才能基本让人满意。针式打印机的分辨率一般只有 180 dpi,激光打印机的分辨率最低是 300 dpi,有的产品为 400 dpi、600 dpi、800 dpi,甚至达到 1 200 dpi。喷墨打印机分辨率一般可达 300 dpi～360 dpi,高的能达到 1 000 dpi 以上。

(2) 打印速度。针式打印机的打印速度通常使用每秒可打印的字符个数或行数来度量。激光打印机和喷墨打印机是一种页式打印机,它们的速度单位是每分钟打印多少页纸(ppm)。家庭用的低速打印机速度大约为 4 ppm,办公用的高速激光打印机速度可达到 10 ppm 以上。

(3) 色彩表现能力。这是指打印机可打印的不同颜色的总数。对于喷墨打印机来说,最初只使用三色墨盒,色彩效果不佳。后来改用青、黄、洋红、黑四色墨盒,虽然有很大改善,但与专业要求相比还是不太理想。于是又加上了淡青和淡洋红两种颜色,以改善浅色区域的效果,从而使喷墨打印机的输出有着更细致入微的色彩表现能力。

(4) 其他。包括打印成本、噪声、可打印幅面大小、功耗及节能指标、与主机的接口类型等。

从 20 世纪 90 年代起出现了一种“3D 打印机”。所谓的 3D 打印,它不是在纸上打印平面图形,而是打印生成三维的实体,但是注意 3D 打印出来的是物体的模型,不能打印出物体的功能。

日常生活中使用的普通打印机可以打印电脑设计的平面物品,而所谓的 3D 打印机与普通打印机工作原理基本相同,只是打印材料有些不同。普通打印机的打印材料是墨水和纸张,而 3D 打印机内装有金属、陶瓷、塑料、砂等不同的“打印材料”,是实实在在的原材料,打印机与电脑连接后,通过电脑控制可以把“打印材料”一层层叠加起来,最终把计算机上的蓝图变成实物。通俗地说,3D 打印机是可以“打印”出真实的 3D 物体的一种设备,比如打印一个机器人、玩具车、各种模型,甚至是食物等等。之所以通俗地称其为“打印机”是参照了普通打印机的技术原理,因为分层加工的过程与喷墨打印十分相似。

目前 3D 打印通常是采用数字技术材料打印机来实现的。常在模具制造、工业设计等领域被用于制造模型,后逐渐用于一些产品的直接制造,已经有使用这种技术打印而成的零部件。3D 打印技术在珠宝、鞋类、工业设计、建筑、工程和施工(AEC)、汽车,航空航天、牙科和医疗产业、教育、地理信息系统、土木工程、枪支以及其他领域都有所应用。

2.5.3 外存储器

计算机的外部存储器可以用来长期存放程序和数据。它又被称为辅助存储器(简称辅存),是内部存储器的扩充。外部存储器上的信息主要由操作系统进行管理,外部存储器一般只和内部存储器进行信息的交换。外部存储器的容量较内存大得多,价格便宜,但读取速度较慢。

目前,微型机的外存储器主要有磁盘、固态硬盘和光盘。磁盘主要以硬盘(hard disk 或 fixed disk)为主,软盘(floppy disk 或 diskette)已退出了历史舞台。

1. 硬盘(磁盘)

(1) 硬盘结构

硬盘一直以来都是计算机最主要的外存设备,它以铝合金、塑料、玻璃材料为基体,双面都涂有一层很薄的磁性材料。通过电子方法可以控制磁盘表面的磁化,以达到记录信息(0 和 1)的目的。

硬盘是由磁道 (tracks)、扇区(sectors)、柱面 (cylinders)和磁头(heads)组成的。拿一个盘片来讲,上面被分成若干个同心圆磁道,每个磁道被分成若干个扇区,每扇区通常是 512B 或 4KB(容量超过 2TB 的硬盘)。硬盘由很多个磁片叠在一起,柱面指的就是多个磁片上具有相同编号的磁道,它的数目和磁道是相同的。

(2) 硬盘的主要技术参数

容量。目前硬盘容量常以千兆字节(GB)和兆兆字节(TB)为单位,作为 PC 最大的数据储存器,硬盘容量自然是越大越好。而在容量上所受的限制,一方面来自厂家制作更大硬盘的能力,另一方面则来自计算机用户自身的实际工作需要和经济承受能力。

数据传输率。硬盘的数据传输率分为外部传输速率和内部传输速率。外部传输速率(接口传输速率)指计算机从硬盘中准确找到相应数据并传输到内存的速率,以每秒可传输多少兆字节来衡量 MB/s。它与采用的接口类型有关,现在采用的 SATA3.0 接口的硬盘传输速率为 6 GB/s。内部数据传输率指硬盘磁头在盘片上的读写速度,通常远小于外部传输速率。

平均寻道时间。平均寻道时间是指计算机在发出一个寻址命令到相应目标数据被找到所需的时间,人们常以它来描述硬盘读取数据的能力。平均寻道时间越小,硬盘的运行速率相应也就越快。

硬盘高速缓存。与计算机的其他部件相似,硬盘也通过将数据暂存在一个比其速度快得多的缓冲区来提高速度,这个缓冲区就是硬盘的高速缓存(cache)。硬盘上的高速缓存可大幅度提高硬盘存取速度,这是由于目前硬盘上的所有读写动作几乎都是机械式的,真正完成一个读取动作大约需要 10 ms 以上,而在高速缓存中的读取动作是电子式的,同样完成一个读取动作只需要大约 50 ns。由此可见,高速缓存对大幅度提高硬盘的速度有着非常重要的意义。

硬盘主轴转速。较高的转速可缩短硬盘的平均寻道时间和实际读写时间,从而提高硬盘的运行速度。一般硬盘的主轴转速为 3 600 rpm~7 200 rpm(转/每分钟)。对于 IDE 接口的硬盘来说,其转速至少应选 5 400 rpm 的。转速为 7 200 rpm 的硬盘虽然价格稍高,但性价比很高。

单碟容量。硬盘中的存储碟片一般有 1 片~5 片。每张碟片的磁储存密度越高,则达到相同存储容量所用的碟片就越少,其系统可靠性也就越好。同时,高密度碟片可使硬盘在读取相同数据量时,磁头的寻道动作和移动距离减少,从而使平均寻道时间减少,加快硬盘数据传输速度。

柱面数(cylinders)。柱面是指硬盘多个盘片上相同磁道的组合。

磁头数(heads)。硬盘的磁头数与盘面数相同。

登录区(landing zone)。登录区是指数据区外最靠近主轴的盘片区域。硬盘的盘片不转或转速较低时磁头与表面是接触的。当转速达到额定值时,磁头以一定的"飞行"高度浮于盘片表面上。登录区的线速度较低,盘片启动与停转时磁头与盘片之间的摩擦不太剧烈,加之该区内不记录用户数据,即使盘片表面被擦伤了也不影响正常使用,故被选作磁头的登录区。

扇区数(sectors)。硬盘上的一个物理记录块要用 3 个参数来定位:柱面号、扇区号、磁头号。硬盘容量=柱面数×磁头数×扇区数×512 字节。

耐用性。耐用性通常是用平均无故障时间、元件设计使用周期和保用期来衡量。一般硬盘的平均无故障时间大都在 20~50 万小时。

(3)移动硬盘

移动硬盘(mobile hard disk)是以硬盘为存储介质,与计算机进行大容量数据交换的存储产品。移动硬盘有容量大、传输速度高、使用方便、可靠性高 4 个特点。目前,主流 2.5 英寸品牌移动硬盘的读写速度可以达到上百 MB/s,与主机连接采用 USB、IEEE-1394 等传输速度较快的接口,可以以较高的速度与系统进行数据传输。市场中的移动硬盘能提供 TB 级别的容量,能够满足大数据量携带用户的需求。

2. U 盘和存储卡

U 盘,俗称优盘,中文全称为"USB(通用串行总线)接口的闪存盘",英文名为"USB Flash Disk",是一种小型的硬盘。主要用于存储照片、资料、影像等。U 盘的出现,实现了便携式移动存储,大大提高了人们的办公效率。与移动硬盘相比,存储量较小。市面上 U 盘一般有上百 GB 的容量甚至 TB 级别的容量。

存储卡是另一种形式的存储器,常被用于手机及数码相机等设备存储扩充。市面上常见的有 CF 卡(compact flash card)(图 2.23(a))、SM 卡(smart media card)(图 2.23(b))、SD 卡(secure digital memory card)(图 2.23(c))、记忆棒(memory stick)、微型硬盘(microdrive)(图 2.23(d))和 MMC 卡(multimedia card)(图 2.23(e))。

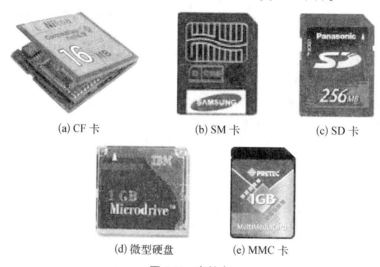

(a) CF 卡　　　　(b) SM 卡　　　　(c) SD 卡

(d) 微型硬盘　　　(e) MMC 卡

图 2.23　存储卡

3. 固态硬盘

固态硬盘(solid state drives),简称固盘。固态硬盘的存储介质分为两种,一种是采用闪存作为存储介质,另外一种是采用 DRAM 作为存储介质。

基于闪存的固态硬盘(Serial ATA Flash Disk)采用 Flash 芯片作为存储介质,这也是通常所说的 SSD。它的外观可以被制作成多种模样,例如:笔记本硬盘、微硬盘、存储卡、U 盘等样式。这种 SSD 固态硬盘最大的优点就是可以移动,而且数据保护不受电源控制,能适应于各种环境,适合于个人用户使用。

基于 DRAM 的固态硬盘采用 DRAM 作为存储介质,应用范围较窄。它仿效传统硬盘的设计,可被绝大部分操作系统的文件系统工具进行卷设置和管理,并提供工业标准的 PCI 和 FC 接口用于连接主机或者服务器。应用方式可分为 SSD 硬盘和 SSD 硬盘阵列两种。它是一种高性能的存储器,而且使用寿命很长,美中不足的是需要独立电源来保护数据安全。DRAM 固态硬盘属于比较非主流的设备。

与常规硬盘相比,固态硬盘具有读写速度快、功耗低、无噪音、抗震动等优点。但价格较高,容量较低,一旦硬件损坏,数据难以恢复,耐用性也相对较短。

4. 光盘存储器

光盘存储器是一种采用光存储技术存储信息的存储器,它采用聚焦激光束在盘式介质上非接触地记录高密度信息,以介质材料的光学性质(如反射率、偏振方向)的变化来表示所存储信息的"1"或"0"。由于光盘存储器具有容量大、价格低、携带方便及交换性好等特点,已成为计算机中一种重要的辅助存储器,也是现代多媒体计算机不可或缺的存储设备。

按光盘可擦写性可分为只读型光盘和可擦写型光盘。

只读型光盘所存储的信息是由光盘制造厂家预先用模板一次性将信息写入,以后只能读出数据而不能再写入任何数据。可擦写型光盘是由制造厂家提供空盘片,用户可以使用刻录光驱将自己的数据刻写到光盘上,它包括 CD-R、CD-RW、相变光盘及磁光盘等。

(1) CD-ROM

标准 CD-ROM 盘片基质是由树脂制成,数据信息以一系列微凹坑的样式刻录在光盘表面上。CD-ROM 是通过安装在光盘驱动器内的激光头来读取盘片上的信息的。

(2) CD-R

CD-R(Compact Disk Recordable)是一种一次写、多次读的可刻录光盘系统,它由 CD-R 盘片和刻录光驱组成。与 CD-ROM 不同的是,在 CD-R 光盘表面除了含有聚碳酸脂层、反射层和丙烯酸树脂保护层外,另外还在聚碳酸脂层和反射层之间加上了一个有机染料记录层。

(3) CD-RW

CD-RW(Compact Disk Rewritable)光存储系统是一种多次写、多次读的可重复擦写的光存储系统。对 CD-RW 盘片的读写操作是通过 CD-RW 刻录机完成的。

(4) DVD

数字视频光盘(Digital Video Disk,DVD)。又被称为数字通用盘(Digital Versatile Disk),是一种容量更大、运行速度更快的采用了 MPEG2 压缩标准的光盘。DVD 盘片分为单面单层、单面双层、双面单层和双面双层 4 种物理结构。单面单层的容量为 4.7 GB,单面双层的容量为 8.5 GB,双面单层的容量为 9.4 GB、双面双层的容量为 17 GB。

(5) 蓝光光盘

蓝光光盘(Blu-ray Disc,BD)是 DVD 之后的下一代光盘格式之一,是由 SONY 及松下电器等企业组成的"蓝光光盘联盟"(Blu-ray Disc Association,BDA)策划的次世代光盘规格,并以 SONY 为首于 2006 年开始全面推动相关产品。蓝光光盘用以存储高品质的影音以及高容量的数据存储。蓝光光盘的命名是由于其采用波长 405 纳米(nm)的蓝色激光光束来进行读写操作(DVD 采用 650 纳米波长的红光读写器,CD 则是采用 780 纳米波长)。一个单层的蓝光光盘的容量为 25 或是 27 GB,足够录制一个长达 4 小时的高解析影片。

2.5.4　外设接口

计算机的外部设备,都是独立的物理设备,这些由于计算机的外围设备种类繁多,几乎都采用了机电传动设备。CPU 与外部设备、存储器的连接和数据交换都需要通过接口设备来实现,前者被称为 I/O 接口,而后者则被称为存储器接口。存储器通常在 CPU 的同步控制下工作,接口电路比较简单,而 I/O 设备品种繁多,其相应的接口电路也各不相同,因此习惯上说到的接口只是指 I/O 接口。

过去的 I/O 设备接口有多种类型,有串口、并口,高速、低速等。现在除了硬盘和显示器各有自己专用的接口之外,其他设备都逐步使用 USB 接口。表 2.1 是 PC 当前使用的 I/O 接口一览表及其性能对比。

表 2.1　PC 常用 I/O 接口

名称	数据传输方式	数据传输速率	可连接的设备数目	通常连接设备
USB(2.0)	串行,双向	60 MBps(高速)	最多 127	几乎所有外围设备
USB(3.0)	串行,双向	640 MBps(超高速)	最多 127	几乎所有外围设备
SATA 1.0 SATA 2.0 SATA 3.0	串行,双向	150 MBps 300 MBps 600 MBps	1	硬盘、光驱
显示器输出接口 VGA	并行,单向	传输模拟信号	1	显示器,电视机
显示器输出接口 DVI	并行,单向	3.7/7.6 Gb/s	1	显示器
高清晰多媒体接口 HDMI	并行,单向	10.2 Gb/s	1	显示器,电视机

(1) 通用串行总线(Universal Serial Bus,USB)接口。USB 是一种全新的外部设备接口。从 1998 年开始,PC 主板开始支持 USB 接口。近几年随着越来越多的 USB 接口外部设备的出现,USB 接口已成为 PC 主板的标准配置。

USB 1.0 的数据传输速率为 1.5 MBps(慢速),用以连接低速设备(如键盘和鼠标),USB 1.1 的速率为 1.5 MBps(全速),可连接中速设备。与 USB 1.1 保持兼容的 USB 2.0 的数据传输速率 60 MBps(即 480 Mbps,高速),USB 3.0 的数据传输速率则可达 640 MBps(即 5 Gbps,超速),可用来连接高速设备。最新的 USB 4.0 技术在不久的将来也会到来。

USB 接口主要具有以下优点:

① 可以热插拔。就是用户在使用外接设备时,不需要关机再开机等动作,而是在电脑

工作时,直接将 USB 插上使用。

② 携带方便。USB 设备大多以"小、轻、薄"见长,对用户来说,随身携带大量数据时,很方便。当然 USB 硬盘是首要之选了。

③ 标准统一。早期常见的有 IDE 接口的硬盘,串口的鼠标键盘,并口的打印机和扫描仪,可是有了 USB 之后,这些外设统统可以用同样的标准与个人电脑连接,这时就有了 USB 硬盘、USB 鼠标、USB 打印机等。

④ 可以连接多个设备。USB 在个人电脑上往往具有多个接口,可以同时连接几个设备,如果接上一个有 4 个端口的 USB HUB 时,就可以再连上 4 个 USB 设备,以此类推,很多设备都同时连在一台个人电脑上而不会有任何问题(最高可连接至 127 个设备)。

⑤ 带有 USB 接口的 I/O 设备可以有自己的电源,也可以通过 USB 接口由主机提供电源($+5$ V,$100\sim500$ mA)。

(2) SATA 接口。这是一种完全不同于串行 PATA 的新型硬盘接口类型,由于采用串行方式传输数据而得名。SATA 总线使用嵌入式时钟信号,具备了更强的纠错能力,与以往相比其最大的区别在于能对传输指令(不仅仅是数据)进行检查,如果发现错误会自动矫正,这在很大程度上提高了数据传输的可靠性。串行接口还具有结构简单、支持热插拔的优点。

(3) VGA 接口。目前显示器的输出接口主要有这三种。最常见的 VGA 接口,共有 15针,分成 3 排,每排 5 个孔,是显卡上应用最为广泛的接口类型,绝大多数显卡都带有此种接口。它将显卡转好的红、绿、蓝模拟信号传输给显示器或者电视机。

(4) DVI(Digital Visual Interface),即数字视频接口。它是 1998 年 9 月,在 Intel 开发者论坛上成立的,由 Silicon Image、Intel(英特尔)、Compaq(康柏)、IBM、HP(惠普)、NEC、Fujitsu(富士通)等公司共同组成的 DDWG(Digital Display Working Group,数字显示工作组)推出的接口标准。它将显卡产生的数字视频信号直接传输给显示器。

(5) HDMI(High Definition Multimedia Interface),即高清多媒体接口。这是一种全数字化视频和声音发送接口,可以发送未压缩的音频及视频信号。HDMI 可用于机顶盒、DVD 播放机、个人计算机、电视游乐器、综合扩大机、数字音响与电视机等设备。HDMI 可以同时发送音频和视频信号,由于音频和视频信号采用同一条线材,大大简化系统线路的安装难度。

很多智能手机采用 USB OTG 接口。这个接口标准在完全兼容 USB 2.0 标准的基础上,增添了电源管理(节省功耗)功能,它允许智能手机既可作为主机,也可作为外设操作(两用 OTG)。当作为外设连接到 PC 机时,由 PC 机对其进行控制、访问、数据传输和充电。当作为主机使用时,可以连接 U 盘、打印机、鼠标、键盘等外设,以达到扩充辅助存储器的容量、方便输入输出的目的。

USB Type-C,简称 Type-C,是一种通用串行总线(USB)的硬件接口规范。Type-C 双面可插接口最大的特点是支持 USB 接口双面插入,正式解决了"USB 永远插不准"的世界性难题,正反面随便插。

苹果公司早期的 iPhone、iPad 没有 USB 接口,它使用的是 Lightning 接口。这个接口两侧都有 8Pin 触点,而且不分正反面,无论你怎么插入都可以正常工作,使用起来非常方便。借助数据线可连接电脑传输数据和安装软件,连接充电器进行充电,连接音响设备播放音乐。也可以通过专门的基座连接各种外设,以扩充 iPad/iPhone 的功能。

现在还有部分笔记本电脑用上了雷电 3 接口。雷电接口(Thunderbolt)是英特尔与苹果合作开发的硬件接口标准(技术),主要功能用于拓展外围设备。最初的名字是 Light Peak。雷电 1 和雷电 2 使用的接口是 Mini DisplayPort 口(简称 Mini DP 口),多见于苹果笔记本电脑上。而雷电 3 接口开始使用 USB Type-C 接口形态。同时 Intel 宣布,从 2018 年起免除雷电 3 接口的技术授权费,同时还将在下一代酷睿处理器中内置雷电 3 控制器,这意味着厂商在新电脑中使用雷电 3 接口的成本将与普通 USB Type-C 一致。雷电 3 接口在将来几年中将迎来极大普及。Thunderbolt 连接技术融合了 PCI Express 数据传输技术和 DisplayPort 显示技术,可以同时对数据和视频信号进行传输,并且每条通道都提供双向 10Gbps 带宽,最新的雷电 3 达到了 40Gbps。

2.6 常见医学信息采集与处理设备

可利用各种传感器将人体的各种物理量,如生物电位、心音、体温、血压、血流、肌电、脑电、神经传导速度等,变为电信号,再经放大、滤波、干扰抑制或多路转换等信号检测与预处理电路将模拟量的电压或电流送给模数转换器(A/D),变成适合于微处理器使用的数字量供系统处理。微处理器处理后的数据同样也需要使用数模转换器(D/A)及其相应的接口将其变成模拟量送出。图 2.24 为模拟量输入/输出通道示意图。

图 2.24　模拟量输入/输出通道示意图

2.6.1　B 超

B 超又叫 B 超透视仪,是利用超声传导技术和超声图像诊断技术的一种仪器,主要运用在医疗领域,如图 2.25 所示。

人耳的听觉范围有限度,只能对频率为 16～20 000 Hz 的声音有感觉,频率在 20 000 Hz 以上的声音就无法听到,这种声音称为超声。和普通的声音一样,超声能向一定方向传播,而且可以穿透物体,如果碰到障碍,就会产生回声,不相同的障碍物就会产生不同的回声,人们通过仪器将这种回声收集并显示在屏幕上,可以用来了解物体的内部结构。利用这种原理,人们将超声波用于诊断和治疗人体疾病。

在医学临床上应用了超声诊断仪的许多类型,如 A 型、B 型、M 型、扇形和多普勒型超声等。B 型是其中一种,而且是临床上应用最广泛和简便的一种。通过 B 超获得的人体内脏器官的各种切面图形。目前已成为现代临床医学中不可缺少的诊断方法。

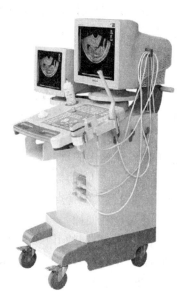

图 2.25　B 超透视仪

2.6.2 心电图仪（机）

心电图仪（机）能将心脏活动时心肌激动产生的生物电信号（心电信号）自动记录下来，是临床诊断和科研常用的医疗电子仪器。一般按照记录器输出导数将心电图仪分为：单导、三导、六导和十二导心电图仪（图2.26）等。心电图仪一般由输入部分、放大部分、控制电路、显示部分、记录部分、电源部分等组成。

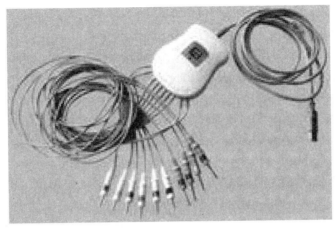

图2.26 十二导连心电图仪

1. 心电图仪的重要参数

（1）输入电阻。即前级放大器的输入电阻。

（2）共模抑制比。共模抑制比（CMRR）指心电图仪的差模信号（心电信号）放大倍数（Ad）与共模信号（干扰和噪声）放大倍数（Ac）之比，表示抗干扰能力的大小。一般要求大于80 dB，国际上要求大于100 dB。

（3）抗极化电压。尽管心电图仪使用的电极已经采用了特殊材料，但是由于温度的变化以及电场和磁场的影响，电极仍产生极化电压，一般为200～300 mV，这样就要求心电图仪要有一个耐极化电压的放大器和记录装置。一般要求大于300 mV，国际上要求大于500 mV。

（4）灵敏度。灵敏度是指输入1 mV标准电压时，记录波形的幅度。通常用mm/mV表示，它反映了整机放大器放大倍数的大小。心电图仪的标准灵敏度为10 mm/mV。规定标准灵敏度的目的是为了便于对各种心电图进行比较。

（5）内部噪声。指心电图仪内部元器件工作时，由于电子热运动产生的噪声。噪声大小可以用折合到输入端的作用大小来计算，一般要求低于输入端加入几微伏至几十微伏以下信号的作用。国际上规定小于等于10 μV。

（6）时间常数。时间常数是输出幅度自100%下降至37%左右所需的时间。一般要求大于3.2 s。

（7）频率响应。心电图仪输入相同幅值、不同频率的信号时，其输出信号幅度随频率变化的关系称为频率响应特性。心电图仪的频率响应特性主要取决于放大器和记录器的频率响应特性。频率响应越宽越好，一般心电图仪的放大器比较容易满足要求，而记录器是决定频率响应的主要因素。一般要求在 0.05～150 Hz(−3 dB)。

(8) 绝缘性。绝缘性常用电源对机壳的电阻来表示,有时也用机壳的漏电流表示。一般要求电源对机壳的绝缘电阻不小于 20 MΩ,或漏电流应小于 100 μA。

(9) 安全性。心电图仪是与人体直接连接的电子设备,必须十分注意其对人体的安全性。从安全方面考虑,心电图仪可分属三型:B 型、BF 型和 CF 型。

2. 心电图仪分类

按不同的标准,心电图仪有不同的分类方法。

(1) 按机器功能分类

按照机器的功能心电图仪可分为图形描记普通式心电图仪(模拟式心电图仪)和图形描记与分析诊断功能心电图仪(数字式智能化心电图仪)。

(2) 按记录器的不同分类

记录器是心电图仪的描记元件。按记录器的不同可分为动图式记录器心电图仪、位置反馈记录器心电图仪、点阵热敏式记录器心电图仪。

(3) 按供电方式分类

按供电方式来分,可分为直流式、交流式和交、直两用式心电图仪。其中以交、直两用式心电图仪居多。直流供电式心电图仪多使用充电电池进行供电。交流供电式心电图仪是采用交流—直流转换电路,先将交流变为直流,再经稳压电路稳定后,供给心电图仪工作。

(4) 按一次可记录的信号导数分类

按一次可记录的信号导数来分,心电图仪分为单导及多导式(如三导、六导、十二导)。单导心电图仪的心电信号放大通道只有一路,各导联的心电波形要逐个描记,即它不能反映同一时刻各导心电的变化。多导心电图仪的放大通道有多路,可反映某一时刻多个导联的心电信号的变化情况。

2.6.3　脑电图和脑磁图

从 20 世纪 20 年代发现人类大脑生物电活动以来,世界各国学者对脑电进行了大量的研究。随着现代科学技术的发展,脑电图已经广泛地应用于生物医学、军事医学、航天医学、生理学、心理学等研究领域。脑电图是研究正常人与患者认知测验常用的电生理记录技术,早期的工作发现脑电图记录有助于诊断癫痫和脑肿瘤。现在脑电图已经成为一项常规的临床检查。

脑磁图(Magneto Electricity Graphology, MEG)是用超导量子干涉磁强计检测人脑外部的微弱磁场的一种技术。脑磁图属于功能标测而非形态学成像方法,可标测脑功能活动时生物磁场的变化。

2.6.4　计算机断层扫描（CT）

CT 机是计算机 X 线断层摄影机,它是由 X 光机发展而来的。CT 机扫描部分主要由 X 线管和不同数目的探测器组成,用来收集信息。X 线束对所选择的层面进行扫描,其强度因和不同密度的组织相互作用而产生相应的吸收和衰减。

在 CT 扫描过程中,利用高能光子(例如球管、加速器打靶、同位素源等方法)和 CT 探测器阵列对穿透物体后的光子进行测量,形成投影线,利用计算机处理投影数据求解出待测工件或器官的线性衰减系数分布,即 CT 图像重建。

2.6.5 磁共振(MR)

磁共振成像(MRI)是利用收集磁共振现象所产生的信号而重建图像的成像技术,因此也称自旋体层成像、核磁共振 CT。MRI 可以使 CT 显示不出来的病变显影,是医学影像领域中的又一重大发展。它是 20 世纪 80 年代初才应用于临床的影像诊断新技术。与 CT 相比,它具有无放射线损害,无骨性伪影,能多方面、多参数成像,有高度的软组织分辨能力,不需使用对比剂即可显示血管结构等独特的优点。

2.6.6 单光子发射计算机断层显像和正电子发射断层扫描

单光子发射断层显像设备(SPECT)可反映组织器官的代谢水平、血流状况,对肿瘤病变敏感,适合用于对神经系统功能的研究,但图像的分辨率很差(约 10 mm),难以得到精确的解剖结构和立体定位,也不易分辨组织器官的边界。

正电子发射断层扫描(Positron Emission Tomography,PET),是目前唯一的用解剖形态方式进行功能、代谢和受体显像的设备,如图 2.27 所示,是应用正电子技术和人体分子学的信息,对人体的正常代谢和病理改变进行数据图像显示以及独特的定量分析,是目前用以诊断和指导治疗肿瘤、心脏病和神经系统疾病的最优手段。

图 2.27 PET 仪器外观及内部结构示意图

本章小结

计算机系统一般由计算机硬件系统和计算机软件系统组成,本章主要介绍计算机的硬件系统。首先根据冯·诺依曼的存储程序及程序控制原理,将计算机组成分为五大部件,即运算器、控制器、存储器、输入设备和输出设备,并深入介绍了微处理器及嵌入式计算机的相关概念及其典型应用等。对 CPU 的结构、原理及性能指标、指令及指令系统以及存储系统作了详细的介绍。并对 PC 的主板与芯片组作了介绍。然后介绍了常用的输入/输出设备,如键盘、鼠标、显示器等的原理及性能指标等。并对常用的两种外存储器硬盘和光盘及其相关知识作了叙述。最后给出了几种常见的医疗信息采集和处理设备,如 B 超、脑电图、脑磁图、CT、磁共振和正电子发射断层扫描仪等,简单介绍了其基本原理与应用。

习题与自测题

一、简答题

1. 计算机硬件系统由哪几部分组成？各部分的功能是什么？

2. 按照运算速度可以将计算机分为哪几种类型？

3. 嵌入式计算机是什么？

4. 程序存储控制的思想是什么？

5. 什么是指令？什么是指令系统？指令的执行过程是什么？

6. CPU 由哪些部件组成？

7. CPU 有哪些性能指标？

8. 存储系统是什么？现代计算机三级存储结构是什么？

9. BIOS 和 CMOS 有什么区别和联系？

10. I/O 总线和 I/O 接口分别指什么？

二、选择题

1. 近 30 年来微处理器的发展非常迅速，下面关于微处理器发展的叙述不准确的是_____。

A. 微处理器中包含的晶体管越来越多，功能越来越强大

B. 微处理器中 Cache 的容量越来越大

C. 微处理器的指令系统越来越标准化

D. 微处理器的性能价格比越来越高

2. 下面关于 PC 的 CPU 的叙述中，不正确的是_____。

A. 为了暂存中间结果，CPU 中包含几十个甚至上百个寄存器，用来临时存放数据

B. CPU 是 PC 不可缺少的组成部分，它担负着运行系统软件和应用软件的任务

C. 所有 PC 的 CPU 都具有相同的指令系统

D. 一台计算机至少包含 1 个 CPU，也可以包含 2 个、4 个、8 个甚至更多个 CPU

3. CPU 主要由寄存器组、运算器和控制器 3 个部分组成，控制器的基本功能是_____。

A. 进行算术运算和逻辑运算 　　　　 B. 存储各种数据和信息

C. 保持各种控制状态 　　　　　　　 D. 指挥和控制各个部件协调一致地工作

4. 下面列出的四种半导体存储器中，属于非易失性存储器的是_____。

A. SRAM 　　　　 B. DRAM 　　　　 C. Cache 　　　　 D. Flash ROM

5. CPU 使用的 Cache 是用 SRAM 组成的一种高速缓冲存储器。下列有关该 Cache 的叙述中正确的是_____。

A. 从功能上看，Cache 实质上是 CPU 寄存器的扩展

B. Cache 的存取速度接近于主存的存取速度

C. Cache 的主要功能是提高主存与辅存之间的数据交换的速度

D. Cache 中的数据是主存很小一部分内容的映射

6. 关于 PC 主板上的 CMOS 芯片，下列说法中正确的是_____。

A. CMOS 芯片用于存储计算机系统的配置参数，它是只读存储器

B. CMOS 芯片用于存储加电自检程序

C. CMOS 芯片用于存储 BIOS, 是易失性的

D. CMOS 芯片需要一个电池给它供电, 否则其中数据会因主机断电而丢失

7. 关于 I/O 接口, 下列_____的说法是最确切的。

A. I/O 接口即 I/O 控制器, 它负责对 I/O 设备进行控制

B. I/O 接口用来将 I/O 设备与主机相互连接

C. I/O 接口即主板上的扩充槽, 它用来连接 I/O 设备与主存

D. I/O 接口即 I/O 总线, 用来连接 I/O 设备与 CPU

8. 为了提高机器的性能, PC 的系统总线在不断地发展。下列英文缩写中与 PC 总线无关的是_____。

A. PCI　　　　　B. ISA　　　　　C. EISA　　　　　D. RISC

9. 下列有关 USB 接口的叙述错误的是_____。

A. USB 接口是一种串行接口, USB 对应的中文为"通用串行总线"

B. USB 3.0 的数据传输速度比 USB 2.0 快很多

C. 利用"USB 集线器", 一个 USB 接口最多只能连接 63 个设备

D. USB 既可以连接硬盘、闪存等快速设备, 也可以连接鼠标、打印机等慢速设备

10. 光盘存储器具有记录密度较高、存储容量较大、信息保存时间久等优点。下列有关光盘存储器的叙述错误的是_____。

A. CD-RW 光盘刻录机可以刻录 CD-R 和 CD-RW 盘片

B. DVD 的英文全名是 Digital Video Disc, 即数字视频光盘, 它仅能存储视频信息

C. DVD 光盘的容量一般为数千兆字节

D. 目前 DVD 光盘存储器所采用的激光大多为红色激光

11. 下列设备中可作为输入设备使用的是_____。

① 触摸屏　② 传感器　③ 数码相机　④ 麦克风　⑤ 音响　⑥ 绘图仪　⑦ 显示器

A. ①②③④　　　B. ①②⑤⑦　　　C. ③④⑤⑥　　　D. ④⑤⑥⑦

12. 数码相机是除扫描仪之外的另一种重要的图像输入设备, 它能直接将图像信息以数字形式输入计算机进行处理。目前, 数码相机中将光信号转换为电信号使用的器件主要是_____。

A. Memory Stick　　B. DSP　　　　C. CCD　　　　D. D/A

13. 显示器是 PC 不可缺少的一种输出设备, 它通过显卡与 PC 相连。在下面有关 PC 显卡的叙述中, 不正确的是_____。

A. 显示器是由监视器和显示适配器及有关的电路和软件组成

B. 分辨率是衡量显示器的一个重要的指标, 像素数越多, 分辨率就越高

C. 显卡的用途是将计算机系统所需的显示信息进行转换驱动, 并向显示器提供行扫描信号, 控制显示器的正确显示, 是连接显示器和个人电脑主板的重要部件

D. 目前显卡用于显示存储器与系统内存之间传输数据的接口都是 AEGP 接口

14. 关于键盘上的 Caps Lock 键, 下列说法正确的是_____。

A. Caps Loc 键与 Alt+Del 键组合可以实现计算机热启动

B. 当 Caps Lock 指示灯亮着的时候, 按主键盘的数字键, 可输入其上部的特殊字符

C. 当 Caps Lock 指示灯亮着的时候, 按字母键, 可输入大写字母

D. Caps Lock 键的功能可由用户自己定义

15. 下列选项中,不属于显示器组成部分的是＿＿＿＿。

A. 显示控制器(显卡)　　　　　　B. CRT 或 LCD 显示器

C. CCD 芯片　　　　　　　　　　D. VGA 接口

16. 从目前技术来看,下列打印机中打印的速度最快的是＿＿＿＿。

A. 点阵打印机　　B. 激光打印机　　C. 热敏打印机　　D. 喷墨打印机

17. 下面不属于硬盘存储器主要技术指标的是＿＿＿＿。

A. 数据传输速率　　B. 盘片厚度　　　C. 缓冲存储器大小　D. 平均存取时间

18. CD 光盘片根据其制造材料和信息读写特性的不同,可以分为 CD-ROM、CD-R 和 CD-RW。CD-R 光盘指的是＿＿＿＿。

A. 只读光盘　　　　　　　　　　B. 随机存取光盘

C. 只写一次式光盘　　　　　　　D. 可擦写型光盘

三、填空题

1. 人们按照计算机速度计算机区分为四种,即:＿＿＿＿、＿＿＿＿、＿＿＿＿、＿＿＿＿。

2. 从逻辑功能上看,计算机由＿＿＿＿、＿＿＿＿、＿＿＿＿与＿＿＿＿五大基本部件组成。

3. 一个完整的计算机系统,是由＿＿＿＿和＿＿＿＿两大部分组成的。

4. CPU 的性能指标由＿＿＿＿、＿＿＿＿、＿＿＿＿、＿＿＿＿、＿＿＿＿等来决定的。

5. 常用的输入设备有＿＿＿＿、＿＿＿＿、＿＿＿＿,常用的输出设备有＿＿＿＿、＿＿＿＿、＿＿＿＿。

6. 扫描仪是基于＿＿＿＿原理设计的,它使用的核心器件大多是＿＿＿＿。

7. 为了防止他人使用自己的 PC,可以通过 BIOS 中的＿＿＿＿设置程序对系统设置一个开机密码。

四、判断题

1. 计算机运行程序时,CPU 所执行的指令和处理的数据都直接从外存中取出,处理结果也直接存入外存。　　　　　　　　　　　　　　　　　　　　　　( )

2. RAM 代表随机存取存储器,ROM 代表只读存储器,关机后前者所存储的信息会丢失,后者则不会。　　　　　　　　　　　　　　　　　　　　　　　　( )

3. 集成电路均使用半导体硅材料制造。　　　　　　　　　　　　　　　( )

4. PC 主板型号与 CPU 型号是一一对应的,不同的主板对应不同的 CPU。　　( )

5. 扫描仪的主要性能指标包括分辨率、色彩深度和扫描幅面等。　　　　( )

6. CPU 所能执行的全部指令称为该 CPU 的指令系统,不同厂家生产 CPU 的指令系统相互兼容。　　　　　　　　　　　　　　　　　　　　　　　　　　( )

7. PC 中几乎所有部件和设备都以主板为基础进行安装和互相连接,主板的稳定性影响着整个计算机系统的稳定性。　　　　　　　　　　　　　　　　　　　( )

【微信扫码】
相关资源 & 习题解答

第 *3* 章　计算机软件

计算机系统由计算机硬件系统和计算机软件系统构成,两者缺一不可(如图 3.1)。硬件是计算机各个物理组成设备的总称,是存储、处理数据的基础,它以二进制位(bit)的方式工作,功能简单,速度极快。软件是用户与硬件的接口,它指挥和控制着硬件的运行,完成各种指令和任务。没有软件,硬件就不能发挥作用,计算机系统也就没有什么用了。

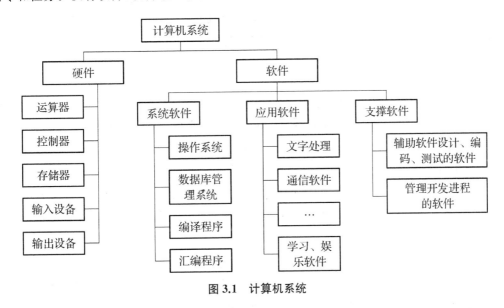

图 3.1　计算机系统

3.1　计算机软件概述

3.1.1　什么是计算机软件

软件是由开发人员通过编写程序等工序制作的、可以在硬件设备上运行的各种程序。软件是用户与硬件之间的接口界面,用户主要通过软件与计算机进行交流,软件是计算机系统设计的重要依据。为了方便用户,也为了使计算机系统具有较高的总体效用,在设计计算机系统时,必须考虑软件与硬件的结合以及用户和软件的要求。

软件由程序、数据和文档构成。也就是说,软件包括:

① 运行时,能够提供所要求功能和性能的指令或计算机程序集合。

② 程序能够满意地处理信息的数据结构。

③ 描述程序功能需求以及程序如何操作和使用所要求的文档。

软件和另一个名词"程序"经常混用。通常,程序是告诉计算机做什么和如何做的一组指令(语句),这些指令(语句)都是计算机(CPU)能够理解并能够执行的一些命令。

程序的特性:

① 用于完成某一确定的信息处理任务。

② 使用某种计算机语言描述如何完成该任务。

③ 预先存储在计算机中,启动运行后才能完成任务。

相比较而言,软件往往指的是设计比较成熟、功能比较完善、能够满足用户的功能和性能上的要求、具有使用价值的计算机程序。通常,"软件"强调的是产品、工程、产业或学科等宏观方面的含义,"程序"则更侧重技术和实现层面的含义。因此,软件和程序本质上相同,在不会发生混淆的场合,软件和程序两个名称并不严格加以区分。

综上所述,通常把程序、程序运行需要的数据和软件文档,统称为软件。其中,程序是软件的主体,是计算机能够识别并运行的指令集;数据是程序运行过程中需要处理的对象和参数;文档是程序开发、维护和操作过程中的相关资料,如需求规格说明、设计规格说明书、系统帮助、使用指南等。现在,软件基本上都有完整的、规范的文档。

3.1.2　计算机软件的特点

在计算机系统中,软件和硬件是两种不同的产品,硬件是有形的物理实体,一般看得见、摸得着。而软件是人类的思维逻辑产品,与传统意义上的硬件制造不同,软件是无形的,它的正确与否、是好是坏,要在机器上运行才能知道。因此,它具有与硬件不同的如下特性:

1. 不可见性

软件是原理、规则、方法的体现,人们无法直接触摸、观察和测量软件,程序和数据以二进制编码的形式表示存储在计算机中,人们能够看见软件的物理载体,但是软件的价值不能依靠物理载体的成本来衡量。

2. 适应性

一个成功的软件不仅能够满足特定的应用需求,而且还能适应一类应用问题的需要。例如微软的文字处理软件处理软件 Word,能够建立论文、简历等文档,还能协助用户完成备忘录、网页、邮件等工作,而且发布了多个语言版本,不仅处理英文、汉字等还可以进行韩文、日文、德文等多国文字的文档撰写。

3. 依附性

软件的开发和运行常受到计算机硬件的限制,对计算机硬件有着不同程度的依赖性。软件不可以独立运行,必须架构在特定的计算机硬件和网络上。大部分应用型软件,如文字处理软件,还要安装在其他软件也就是支撑软件的环境中。没有一定的硬件环境、软件平台,软件就有可能无法正常运行,甚至根本不能运行。比如,Android 的游戏安装包就必须得安装在 Android 手机环境中,在苹果手机根本安装不了。

4. 无磨损性

软件的使用没有硬件那样的机械磨损和老化问题。由于软件是逻辑的而不是物理的，所以软件不会磨损和老化。一个久经考验的优质软件可以长期使用下去。很多计算机用户在选择新机型时，提出的一个重要的条件往往是：原有的应用程序必须能在新机型的支撑环境下运行，即兼容性问题。

5. 易复制性

软件是被开发或被设计的，它没有明显的制造过程，一旦开发成功，只需复制即可。软件是以二进制表示，以光、电、磁等形式进行存储和传输，因而软件可以很方便地、毫无失真地进行复制。因为软件的易复制性，导致市场上的软件盗版行为比比皆是。软件开发商除了依法保护软件外，还经常采用加密狗、设置安装序列号等行为防止软件盗版行为。

6. 复杂性

软件的开发和维护工作是十分复杂的过程，随着信息技术的发展软件的复杂性表现在规模越来越大，即总共的指令数或源程序行数越来越多，难度越来越大，程序的结构越来越庞大，智能度越来越高。

7. 不断演变性

软件在投入使用后，由于功能需求、运行环境和操作方法等方面都处于不断的变化中，一种软件在有更好的同类软件开发出来之后，它就面临着被市场淘汰的命运。为了延长软件的生存周期，软件在投入使用后，软件人员要不断地进行修改、完善、扩充新的功能、使用新的环境，使得软件版本不断升级。在软件的整个生存期中，一直处于维护状态，软件内部的逻辑关系复杂，软件在维护过程中还可能产生新的错误，常见的软件升级和打补丁，都是后期对软件错误的修改以及功能的升级。

8. 脆弱性

软件产品比较脆弱，在安装使用过程中会给计算机软件系统带了一定的安全性威胁。这是因为应用软件、系统软件或者通信协议、处理规程本身都存在着一定的设计上的缺陷或者安全漏洞，软件产品也不是"刚性"的产品，在复制、信息传递、文件共享等过程中，很容易被修改和破坏，表现得很脆弱。

3.1.3 计算机软件的分类

根据计算机软件的功能用途，通常将软件分为系统软件、应用软件和支撑软件（或工具软件）三大类。

1. 系统软件

系统软件是指控制和协调计算机及外部设备，支持应用软件开发和运行的系统，是无需用户干预的各种程序的集合，主要功能是调度、监控和维护计算机系统；负责管理计算机系统中各种独立的硬件，使得它们可以协调工作。

（1）系统软件的特性

① 基础性。与计算机硬件关系密切，能对硬件进行统一的控制、调度和管理。

② 通用性。能为各种不同应用软件的开发和运行提供支持与服务。

③ 必要性。任何计算机系统中,系统软件都必不可少的。在购买计算机时,通常计算机供应厂商会提供给用户一些最基本的系统软件,否则计算机无法工作。

(2) 系统软件的分类

① 操作系统。

② 数据库管理系统(DBMS)。

③ 编译程序。

④ 汇编程序。

⑤ 实用工具。

2. 应用软件

人们日常使用的绝大多数软件都属应用软件。应用软件是为完成某一特定任务或特殊目的而开发的软件。它可以是一个特定的程序,也可以是一组紧密协作的软件集合体,或由众多独立软件组成的庞大软件系统。应用软件是基于系统软件工作的,因此不面向基础的硬件,只根据系统软件提供的各种资源进行运作。

应用软件包括专用软件和通用软件两大类。专用软件是指专门为某一个指定的任务设计或开发的软件,如专门求某个年级平均分数的软件等。通用软件是指可完成一系列相关任务的软件,如文字处理、电子表格、图形图像、媒体播放、各类手机应用 APP 软件等。

表 3.1 常见通用应用软件

类别	功能	流行软件举例
文字处理软件	文本编辑、文字处理、桌面排版等	WPS、Word、Adobe Acrobat 等
电子表格软件	表格设计、数值计算、制表、绘图等	Excel、WPS 等
演示软件	投影片制作与播放	PowerPoint、WPS 等
网页浏览软件	浏览网页、信息检索、电子邮件通信等	微软 IE、百度、搜狗、UC 浏览器、Firefox、Safari 等
音视频播放软件	播放各种数字音频和视频	Microsoft Media Player、Real Player、QuickTime、暴风影音、Winamp 等
通信与社交软件	电子邮件、IP 电话、微博、微信等	Outlook、QQ、微信、Twitter 等
个人信息管理软件	记事本、日程安排、通讯录	Outlook,Lotus Notes
游戏软件	游戏和娱乐	下棋、扑克、休闲游戏、角色游戏等

3. 支撑软件

支撑软件(或工具软件)介于系统软件和应用软件之间,是协助开发人员开发软件的软件也就是软件开发环境。例如,辅助软件设计、编码、测试的软件,以及管理开发进程的软件等。

3.1.4 操作系统概述

操作系统(Operation System,OS)是计算机中最重要的一种系统软件。它是计算机硬件与应用程序及用户之间的桥梁(见图 3.2),它负责组织和管理计算机软硬件资源,合理安排计算机的工作流程,控制和支持应用程序的运行;并为用户提供方便的、有效的、友善的服务界面,使整个计算机系统高效率地工作。

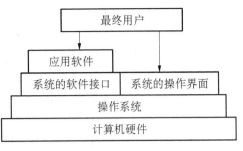

图 3.2 操作系统与计算机软件、硬件间的关系

1. 操作系统的作用

在系统软件中,操作系统是负责直接控制和管理硬件的系统软件,也是一系列系统软件的集合,主要有三方面的重要作用。

(1) 管理和分配计算机中的软硬件资源

计算机资源可分为两大类:硬件资源和软件资源。硬件资源指组成计算机的硬件设备,软件资源主要指存储于计算机中的各种数据和程序。当多个软件同时运行时,系统的硬件资源和软件资源都由操作系统根据用户需求按一定的策略分配和调度。

从用户的角度看,操作系统用来管理复杂系统的各个部分,负责在相互竞争的程序之间有序地控制对 CPU、内存及其他 I/O 接口设备的分配。比如说,假设在一台计算机上运行的 4 个程序试图同时在同一台打印机上输出计算结果,如果头几行是程序 1 的输出,下几行是程序 2 的输出,然后又是程序 3、程序 4 的输出,那么最终结果将是一团糟。在操作系统管理下,可以将每个程序要打印的输出送到磁盘上的缓冲区,在一个程序打印结束后,将暂存在磁盘上的文件送到打印机输出,这样就可以避免这种混乱。从这个角度来看,操作系统是系统的资源管理者,用户通过操作系统来管理整个计算机资源,操作系统的主要功能有处理器管理、存储管理、文件管理、I/O 设备管理等。

(2) 提供友好的人机界面

人机界面又称用户界面、用户接口或人机接口,通过键盘、鼠标、显示器、操纵杆、摄像头等及其软件应用程序实现用户与计算机间的交互。操作系统更向用户提供了一种图形用户界面(Graphical User Interface, GUI, 又称图形用户接口),与早期计算机使用的命令行界面相比,图形界面对于用户来说在视觉上更易于接受。然而这界面若要通过在显示屏的特定位置,以"各种美观而不单调的视觉消息"提示用户"状态的改变",势必比以往的简单消息呈现需要更多的计算能力。

(3) 提供高效的应用程序开发和运行平台

人们常把没有安装任何软件的计算机称为裸机,在裸机上开发和运行应用程序,难度大、效率低、难以实现。安装了操作系统后,操作系统屏蔽了几乎所有的物理设备的技术细节,以规范的、高效的系统调用、库函数方式向应用程序提供服务和支持,从而为应用程序开发、应用软件的运行提交了一个高效率的平台。

从程序员的角度看,操作系统可以将硬件细节与程序员隔离开来,即硬件对于程序员来说是透明的,是一种简单的、高度抽象的设备驱动层。如果没有操作系统,程序员在开发软件的时候就必须陷入复杂的硬件实现细节,将大量的精力花费在这些重复的工作上,使得程序员无法集中精力放在更具有创造性的程序设计工作中去。

有了操作系统,计算机才能成为一个高效、可靠、通用的信息处理系统。除了上述三个主要作用外,操作系统还具有帮助功能、处理软硬件异常、系统安全等功能。

2. 操作系统的启动

计算机的操作系统通常是安装在硬盘存储器上的。传统的计算机通常都是使用 BIOS

引导,开机 BIOS 初始化,然后 BIOS 自检,再引导操作系统进入系统,显示桌面。最新流行的是更便捷快速的 UEFI 引导启动配置,它的全称是 Unified Extensible Firmware Interface,翻译成中文就是"统一可扩展固件接口"。

（1）传统的 BIOS 引导启动

当计算机开机加电启动工作时,CPU 首先执行预装在主板上 ROM(Read Only Memory)芯片上的 BIOS(Basic Input Output System,基本输入输出系统)中的加电自检(POST,即 Power On Self-Test)程序,如果硬件系统没有故障,则进一步执行系统引导(Boot)程序,指引 CPU 把操作系统从硬盘传送到主存储器 RAM (Random-Access Memory),加载操作系统。此后,操作系统接管并且开始控制整个计算机系统的活动,如图 3.3 所示。

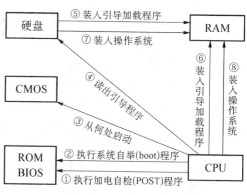

图 3.3　操作系统的 BIOS 引导加载过程

（2）当前流行的 UEFI 引导启动

UEFI 引导的流程是开机初始化 UEFI,然后,直接引导操作系统,进入系统,如图 3.5 所示。和传统的 BIOS 引导(图 3.4)相比,UEFI 引导少了一道 BIOS 自检的过程,所以开机就会更快一些,这也使它成了计算机的新宠。

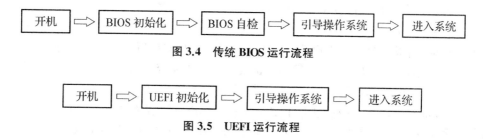

图 3.4　传统 BIOS 运行流程

图 3.5　UEFI 运行流程

简言之,UEFI 启动是新一代的 BIOS,是一种新的主板引导,功能更加强大,而且它是以图形图像模式显示,让用户更便捷的直观操作。现在市面上的新款计算机大部分都支持 UEFI 启动模式,甚至有的计算机都已抛弃 BIOS 而仅支持 UEFI 启动,也就是说 UEFI 正在逐渐取代传统的 BIOS 启动。

3. 操作系统的管理功能

操作系统承担着计算机软件、计算机硬件系统资源的调度和分配功能,以避免冲突,使得应用程序能够正常有序地运行。从硬件和软件资源管理的角度来看,操作系统的主要管理功能包括处理器管理、存储管理、文件管理、设备管理等。

（1）多任务处理与处理器管理

为了提高中央处理器(CPU)的利用率,操作系统需要支持多个程序同时运行,这称为多任务处理。任务就是装入内存启动执行的一个应用程序。例如,在 Windows 操作系统下,用户可以启动多个应用程序(如电子邮件、聊天工具、音乐播放、Word 等)同时工作,它们可以互不干扰地独立运行。宏观上,这些任务是"同时"进行的,而微观上任何时刻只有一个任务正在被 CPU 执行,即这些程序是由 CPU 轮流执行的。

为了支持多任务处理,操作系统中有一个处理器调度程序负责把 CPU 时间分配给各个任务,CPU 速度非常快,所以看上去好像多个任务是"同时"执行的。调度程序一般采用"时间片轮转"的策略,即每个任务依次得到一个时间片的 CPU 时间,只要时间片结束,不管任务多重要,正在执行的任务就会被强行暂时中止,由调度程序把 CPU 交给下一个任务。

实际上,操作系统本身是与应用程序同时运行的,它们一起参与 CPU 时间片的分配。然而,不同程序的重要性不完全一样,它们获得 CPU 使用权的优先级也不同,这就使得处理器调度算法更加复杂。

(2) 存储管理与虚拟存储器

虽然计算机的内存容量不断增加,但由于成本和安装空间等原因,其容量往往不能满足运行规模大、数据多的程序,特别是多任务处理时,更加需要对存储器进行有效的管理。现在,操作系统一般采用虚拟存储技术(也称虚拟内存技术)进行存储管理。

在 Windows 操作系统中,虚拟存储器是由计算机的物理内存和硬盘上的虚拟内存联合组成的。虚拟存储技术的基本思想如下(如图 3.6 所示):用户在一个假想的容量极大的虚拟存储器中编程和运行程序,程序(及其)数据被划分成一个个固定大小的"页面"。启动一个任务(应用程序)时,只要将当前要执行的一部分程序和数据页面装入真实物理内存,其余页面放在硬盘提供的虚拟内存中,然后开始执行程序。在程序执行过程中,如果需要执行的指令或访问的数据不在物理内存中,则由操作系统中的存储管理程序将所缺的页面从位于外存的虚拟内存调入到实际的物理内存,然后再继续执行程序。与此同时,存储管理程序也根据空间需要将物理内存中暂时不用的页面调出保存到位于外存的虚拟内存中。页面的调入调出完全由存储管理程序自动完成。由此,实现了对存储空间的扩充,使应用程序的存储空间不受实际存储容量大小的限制。从用户角度看,系统所具有的存储容量比实际的内存容量大得多,所以称之为虚拟存储器。

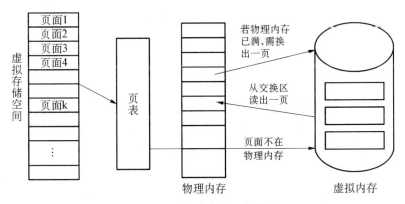

图 3.6　虚拟内存的工作原理

(3) 文件管理

文件管理是操作系统功能的一个组成部分,它负责管理计算机中的文件,使用户(和程序)能很方便地进行文件的存取操作。例如:

① 实现对文件方便而快速的按名存取。

② 对硬盘、光盘、优盘、存储卡等不同外存储器实现统一管理。

③ 统一本地文件/远程文件的存取操作。

④ 实现文件的安全存取等。

计算机中有数以千万计的文件,为了使它们能分门别类地有序存放,操作系统将其组织在若干文件目录中。Windows 中的文件夹就是文件目录,它采用多级层次结构,每个磁盘分区都是一个根文件夹,它包含若干文件夹。文件夹不但可以包含文件,还可以包含下一级的子文件夹,这样依次类推就形成了多级文件夹结构。文件和文件夹都包含有相应的说明信息,如名字、位置、大小、创建时间、属性等。同时,文件夹为文件的共享和保护提供了方便。

操作系统中文件管理的主要职责之一是在外存储器为创建(或保存)文件分配空间,为删除文件保留回收空间,并对空闲空间进行管理。这些任务都是由文件管理程序完成的。

（4）设备管理

操作系统的设备管理功能负责分配和回收外部设备以及控制外部设备按用户程序的要求进行操作。主要是对系统中的各种输入输出设备进行管理,处理用户(或应用程序)的输入/输出请求,方便、有效、安全地完成输入/输出操作。

4. 操作系统的分类

操作系统可按照不同方式进行分类。

（1）按操作系统管理的原理进行分类

① 批处理系统。

批处理操作系统将作业组织成批并一次将该作业的所有描述信息和作业内容通过输入设备提交给操作系统,并暂时存入外存,等待运行。当系统需要调入新的作业时,根据当时的运行情况和用户要求,按某种调试原则,从外存中挑选一个或几个作业装入内存运行。

批处理系统可以分为简单批处理系统和多道批处理系统。简单批处理系统指在主存储器中只存放一批程序或一个程序。多道批处理系统指在主存中同时存放若干道用户作业,允许这些作业交替地在系统中运行,当 CPU 运行某个程序发生条件等待时,可以转向执行另外的程序,使另一个作业在系统中运行。

② 分时系统。

分时系统是在多道批处理系统的基础上发展起来的。在分时系统中,用户通过计算机交互会话来联机控制作业运行,一个分时系统可以带几十甚至上百个终端,每个用户都可以在自己的终端上操作或控制作业的完成。从宏观上看,多用户同时工作,共享系统资源;从微观上看,各进程按时间片轮流运行,提高了系统资源利用率。

③ 实时系统。

实时系统指计算机对特定输入做出快速反应,以控制发出实时信号的对象,即计算机及时响应外部事件的请求,在规定的短时间内完成该事件的处理,并控制所有实时设备和实时任务协调有致地运行。例如,导弹飞行控制、工业过程控制和各种订票业务等场合,要求计算机系统对用户的请求立即做出响应,实时系统是专门适合这类环境的操作系统。

（2）按计算机的体系结构进行分类

随着计算机体系结构的发展,又出现了许多不同分类的新型操作系统,如个人操作系统、网络操作系统、分布式操作系统和嵌入式操作系统。

① 个人操作系统

个人操作系统是一种单用户的操作系统，主要供个人使用，功能强、价格便宜，在几乎任何地方都可安装使用。它能满足一般人操作、学习、游戏等方面的需求。个人操作系统的主要特点是：计算机在某一时间内为单个用户服务；采用图形界面人机交互的工作方式，界面友好；使用方便，用户即使不具备专门知识，也能熟练地操纵系统。

② 网络操作系统

网络操作系统是使网络上各计算机能方便而有效地共享网络资源，为网络用户提供各种服务的软件和有关规程（如协议）的集合。网络操作系统提供网络操作所需的最基本的核心功能，如网络文件系统、内存管理及进程任务调度等。网络服务程序运行在网络操作系统软件之上，各计算机通过通信软件使网络硬件与其他计算机建立通信。通信软件还提供所支持的通信协议，以便通过网络发送请求或响应信息。

③ 分布式操作系统

随着程序设计环境、人机接口和软件工程等方面的不断发展，出现了由高速局域网互联的若干计算机组成的分布式计算机系统，需要配置相应的操作系统，即分布式操作系统。分布式计算机系统与计算机网络相似，它通过通信网络将独立功能的数据处理系统或计算机系统互联起来，可实现信息交换、资源共享和协同处理等任务，可以获得极高的运算能力及广泛的数据共享。

④ 嵌入式操作系统

嵌入式操作系统是嵌入式系统的软件组成部分。目前嵌入式系统已经渗透进人们生活中的每个角落，如MP3、智能手机、数控家电、微型工业控制计算机等。嵌入式系统的构架可以分成4个部分：处理器、存储器、输入/输出（I/O）和软件（多数嵌入式设备的应用软件和操作系统都是紧密结合的）。

（3）按用户数量进行分类

按用户数目的多少，可分为单用户和多用户操作系统。单用户操作系统一次只能支持一个用户进程的运行，MS-DOS是一个典型的单用户操作系统。多用户操作可以支持多个用户同时登录，允许运行多个用户的进程，比如Windows 7，它本身就是个多用户操作系统，不管是在本地还是远程都允许多个用户同时处在登录状态。它向用户提供联机交互式的工作环境。

5. 常用的操作系统

（1）DOS操作系统

磁盘操作系统（Disk Operation System，DOS）是一种单用户单任务的计算机操作系统，通常存放在磁盘上，主要功能是针对磁盘存储的文件进行管理。DOS采用字符界面，必须通过键盘输入各种命令来操作计算机。也就是说计算机是一个一个字母在黑色的电脑屏幕上打上命令，再按回车把命令输送给电脑，就连打开画图也是这么做的。后来人们编程通过画图做出了菜单，通过菜单给计算机发命令就简单多了。

（2）Windows操作系统

Microsoft Windows是美国微软公司研发的一套操作系统，它问世于1985年，起初仅仅是MS-DOS之下的桌面环境，后续版本逐渐发展成为个人电脑和服务器用户设计的操作系统,并最终获得了世界个人电脑操作系统软件的垄断地位。由于微软不断地更新升级系统版本,使得 Windows 操作系统不但易用,也慢慢地成为家家户户喜爱的操作系统。系统可以在几种不同类型的平台上运行,如个人电脑、服务器和嵌入式系统等等,其中在个人电脑的领域应用最为普遍。

Windows 采用了图形化界面模式 GUI,比起从前的 DOS 需要键入指令使用的方式更为人性化。随着电脑硬件和软件的不断升级,微软的 Windows 也在不断升级,从架构的 16 位、32 位再到 64 位,甚至 128 位,微软一直在致力于 Windows 操作系统的开发和完善,系统版本不断持续更新升级。

Windows 是目前世界上用户最多且兼容性最强的图形界面操作系统,支持键鼠功能。其默认的平台是由任务栏和桌面图标组成的:任务栏由显示正在运行的程序、"开始"菜单、时间、快速启动栏、输入法以及右下角托盘图标组成;而桌面图标是进入程序的途径,默认系统图标有"我的电脑""我的文档""回收站"等,另外还会显示出系统自带的"IE 浏览器"图标。

(3) Unix 操作系统

Unix 于 1969 年在贝尔实验室诞生,是一个强大的多用户、多任务的操作系统,支持多种处理器架构,是一个交互式分时操作系统。Unix 可以在微型机、工作站、大型机及巨型机上安装运行。由于 Unix 系统稳定可靠,因此在金融、保险等行业得到广泛应用。

(4) Linux 操作系统

Linux 是一套免费使用和自由传播的类 Unix 操作系统,是一个基于 POSIX 和 Unix 的多用户、多任务、支持多线程和多 CPU 的操作系统。它能运行主要的 Unix 工具软件、应用程序和网络协议,支持 32 位和 64 位硬件。Linux 继承了 Unix 以网络为核心的设计思想,是一个性能稳定的多用户网络操作系统。

Linux 操作系统诞生于 1991 年 10 月 5 日,存在着许多不同的 Linux 版本,但它们都使用了 Linux 内核。Linux 可安装在各种计算机硬件设备中,比如手机、平板电脑、路由器、视频游戏控制台、台式计算机、大型机和超级计算机。

Linux 操作系统具有完全免费、兼容性强、多用户、多任务、界面友好、支持多种平台等优点。

(5) 智能手机操作系统

智能手机(平板)等也像电脑一样,有自己的操作系统。智能手机操作系统是一种运算能力及功能比传统功能手机更强的操作系统。因为可以像个人电脑一样安装第三方软件,这样智能手机就能不断焕发新生的、丰富的功能。智能手机能够显示与个人电脑所显示出来一致的正常网页,它具有独立的操作系统以及良好的用户界面,拥有很强的应用扩展性、能方便随意地安装和删除应用程序。

目前应用在智能手机上的操作系统主要 Google 开发的 Android(安卓)、苹果公司开发的 iOS(苹果),还有华为公司开发的 Harmony(鸿蒙)等。

3.2 算法和数据结构

计算机求解问题的基本步骤如下:

(1) 确定并理解问题。

(2) 寻找解决问题的方法与步骤,并将其表示成算法(Algorithm)。

（3）使用某种程序设计语言描述该算法（编程），并编译成目标程序和进行调试。

（4）运行程序，获得问题的解答。

（5）进行评估，改进算法和程序。

在编程解决问题时，如何寻找最有效的方法，提高数据处理的效率，这就是算法与数据结构要解决的问题。算法是计算机程序的灵魂，数据结构是灵魂的载体。程序＝算法＋数据结构，算法和数据结构是程序设计的两个重要的概念。

3.2.1 算法

人们常说："软件的主体是程序，程序的核心是算法。"算法是在有限步骤内求解某一问题所使用的一组定义明确的规则。通俗地说，就是计算机解题的方法和步骤。一般地，当算法在处理信息时，数据会从输入设备读取，写入输出设备，可保存起来以供以后使用。

下面举一个算法的例子，问题是从一串随机数列找到最大的数。如果将数列中的每一个数字看成是一颗豆子的大小，则可以将该算法形象地称为"捡豆子"。

首先将第一颗豆子（数列中的第一个数字）放入口袋中。从第二颗豆子开始检查，直到最后一颗豆子。如果正在检查的豆子比口袋中的还大，则将它捡起放入口袋中，同时丢掉原先的豆子。最后口袋中的豆子就是所有的豆子中最大的一颗。

以上是使用自然语言描述算法，还可以使用流程图、伪代码等来描述算法。

1. 算法的基本特征

（1）确定性

算法中每一步都必须有明确定义，不允许有模棱两可的解释，不允许有多义性。

（2）有穷性

算法必须保证执行有限步骤之后结束，且每一步骤都在有限的时间内完成。

（3）可行性

原则上算法的每一步在现有条件下必须都能够执行，即在计算机的能力范围之内，且在有限的时间内能够完成。

（4）输入

一个算法有零或多个输入数据，以刻画运算对象的初始情况。例如，在欧几里得算法中，有两个输入，即 m 和 n。

（5）输出

一个算法有一个或多个结果输出，以反映对输入数据加工后的结果，没有输出的算法是毫无意义的。

2. 算法的基本组成要素

算法的基本组成要素包括如下两方面：

（1）对数据对象的运算和操作

计算机可以执行的基本操作以指令的形式描述。包括算术运算、逻辑运算、关系运算及数据传输（赋值、输入输出等）。

（2）算法的控制结构

算法中各操作步骤之间的执行顺序，一般是由顺序结构、选择结构（或分支结构）、循环结构 3 种基本结构组合而成的。

3. 算法的复杂度

通常以算法的时间复杂度和算法的空间复杂度来衡量算法的优劣。

(1) 算法的时间复杂度

算法的时间复杂度是指算法所需要的计算工作量,是算法执行过程中所需要的基本运算次数。需要强调的是,算法的时间复杂度与对应程序长短、语句多少没有关系,更不是算法程序执行的具体时间。算法程序执行的具体时间受到所使用的计算机、程序设计语言以及算法实现过程中的许多细节的影响,而算法的时间复杂度与这些因素无关。

算法所执行的基本运算次数与问题的规模有关,例如,20 个数据相加就比 10 个数据相加基本运算次数多。也与数据或输入有关,例如,在顺序查找中,如输入的被查值正好是第一个元素,则只需要比较 1 次;如被查值是最后一个元素,则所有数据全都要翻一遍,n 个数据要比较 n 次。

算法的时间复杂度一般用“$O(n$ 的表达式$)$”的形式表示,n 为问题的规模。例如,$O(n)$、$O(n^2)$、$O(\log_2 n)$ 等,它表示当问题的规模 n 充分大时,该算法要进行基本运算次数的一个数量级。

(2) 算法的空间复杂度

算法的空间复杂度是指执行这个算法所需要的存储空间,包括算法程序本身所占的存储空间、输入的初始数据所占的存储空间以及算法执行过程中所需要的额外空间。其中,额外空间包括算法程序执行过程中的工作单元,以及某种数据结构所需要的附加存储空间,与输出无关。如果额外空间量相对于问题规模(即输入数所占的存储空间)来说是常数,即额外空间量不随问题规模的变化而变化,则称该算法是原地(in place)工作的。

算法的空间复杂度一般也用“$O(n$ 的表达式$)$”的形式表示。为了降低算法的空间复杂度,通常采用压缩存储技术,以减少输入数据所占的存储空间以及额外空间。

3.2.2 数据结构

在实际应用中,计算机要处理的数据往往会有很多,如何存储这些数据,把他们规范地组织起来,便于增删、修改、查找等,并占用较少的存储空间,这就是数据结构要解决的问题。

数据结构是计算机存储、组织数据的方式。简单说,数据结构就是数据在计算机中如何表示、存储、管理,各数据元素之间具有怎样的关系、怎样相互运算等。

研究数据结构,一般要研究数据的逻辑结构和存储结构两个方面。数据的逻辑结构反映数据元素之间固有的前后逻辑关系(与存储位置无关)。数据的存储结构又称为数据的物理结构,是数据在计算机中存储的方式,或称为数据的逻辑结构在计算机中的表示、逻辑结构在计算机中的存储方式,是面向计算机的。

通常情况下,精心选择的数据结构一方面可以提高数据处理速度,另一方面可以节省数据处理过程中占用的计算机存储空间。

1. 数据结构的表示

数据结构包含两个要素,即数据和结构。

数据是需要处理的数据元素的集合,说明本问题中有哪些数据,通常用 D 表示。一般来说,这些数据元素,具有某个共同的特征。例如,早餐、午餐、晚餐这 3 个数据元素有一个共同的特征,即它们都是一日三餐的名称,从而构成了一日三餐名的集合。

结构是集合中各个数据元素之间存在的关系,通常用 R 表示。在数据处理领域中,通常把两两数据元素之间的关系用前后件关系(或直接前驱与直接后继关系)来描述。例如,在考虑一日三餐的时间顺序关系时,"早餐"是"午餐"的前件(或前驱),而"午餐"是"早餐"的后件(或直接后继);同样,"午餐"是"晚餐"的前件,"晚餐"是"午餐"的后件。

两个元素的前后件关系常用一个二元组来表示,例如,如果把一日三餐看作一个数据结构,则可表示成:

B=(D,R)
D={早餐,午餐,晚餐}
R={(早餐,午餐),(午餐,晚餐)}

又例如,一般公职的数据结构,可表示成:

B=(D,R)
D={局长,处长,科长,科员}
R={(局长,处长),(处长,科长),(科长,科员)}

一个数据结构除了用二元关系表示外,还可以用图形来表示。用中间标有元素值的方框来表示数据元素,一般称之为数据节点,简称为节点。对于每一个二元组,用一条有向线段从前件指向后件。

例如,一日三餐的数据结构可以用如图 3.7(a)所示的图形来表示。又例如,公职的数据结构可以用如图 3.7(b)所示的图形来表示。

(a) 一日三餐数据结构的图形表示

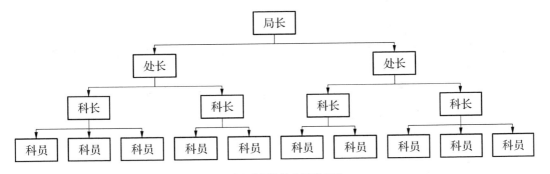

(b) 公职数据结构的图形表示

图 3.7　数据结构的图形表示

由前后件关系还可引出以下 3 个基本概念,如表 3.2 所示。

表 3.2　节点基本概念

基本概念	含义	例子
根节点	数据结构中,没有前件的节点	在图3.7(a)中,"早餐"是根节点;在图3.7(b)中,"局长"是根节点
终端节点(或叶子节点)	数据结构中,没有后件的节点	在图3.7(a)中,"晚餐"是终端节点;在图3.7b)中,"科员"是终端节点
内部节点	数据结构中,除了根节点和终端节点以外的节点	在图3.7(a)中,"午餐"是内部节点;在图3.7(b)中,"处长"和"科长"是内部节点

2. 数据结构的类型

根据数据结构中各数据元素之间前后件关系的复杂程度,一般将数据结构划分为线性结构和非线性结构两大类型,如表3.3所示。

表 3.3　线性结构与非线性结构

基本概念	数据元素之间的关系	数据结构类型	例子
线性结构	除开始和末尾元素外,每个数据元素只有一个前件、一个后件	线性表、链表、堆栈、队列	图3.7(a)一日三餐数据结构
非线性结构	除开始和末尾元素外,每个数据元素只有一个前件、但有多个后件	树、二叉树	图3.7(b)公职数据结构
	除开始和末尾元素外,每个数据元素可有多个前件、也可有多个后件	图(本书不涉及)	

如果一个数据结构中没有数据元素,则称该数据结构为空的数据结构。在只有一个数据元素的数据结构中,删除该数据元素,就得到一个空的数据结构。

3.2.3* 算法和数据结构知识拓展

1. 线性表及其顺序存储结构

(1)线性表的基本概念

数据结构中,线性结构习惯称为线性表,线性表是最简单也是最常用的一种数据结构,数组是典型的线性表。

线性表是 $n(n \geq 0)$ 个数据元素构成的有限序列,表中除第一个元素外的每一个元素,有且只有一个前件,除最后一个元素外,有且只有一个后件。

线性表要么是空表,要么可以表示为:

$$(a_1, a_2, \cdots, a_i, \cdots, a_n)$$

其中,$a_i(i=1,2,\cdots,n)$ 是线性表的数据元素,也称为线性表的一个节点,同一线性表中的数据元素必定具有相同的特性,即属于同一数据对象。数组、矩阵、向量等都是线性表。

非空线性表具有以下结构特征:

● 只有一个根节点,即节点 a_1,它无前件;

- 有且只有一个终端节点,即节点 a_n,它无后件;
- 除根节点与终端节点外,其他所有节点有且只有一个前件,也有且只有一个后件。

节点个数 n 称为线性表的长度,当 $n=0$ 时,称为空表。

(2) 线性表的顺序存储结构

通常,线性表可以采用顺序存储和链接存储两种存储结构。

采用顺序存储是表示线性表最简单的方法,具体做法是:将线性表中的元素一个接一个地存储在一片相邻的存储区城中。这种顺序表示的线性表也称为顺序表。

顺序表具有以下两个基本特征:

- 线性表中所有元素所占的存储空间是连续的;
- 线性表中各数据元素在存储空间中是按逻辑顺序依次存放的。

在顺序表中,其前、后件两个元素在存储空间中是紧邻的,且前件元素一定存储在后件元素的前面。

2. 栈和队列

(1) 栈及其基本运算

栈(stack)是一种特殊的线性表,它所有的插入与删除都限定在表的同一端进行,允许插入与删除的一端称为栈顶,不允许插入与删除的另一端称为栈底。当栈中没有元素时,称为空栈。栈的修改原则是"后进先出"或"先进后出"。

通常用指针 top 来指示栈顶的位置,用指针 bottom 来指向栈底。栈顶指针 top 反映了栈的状态不断地变化。假设栈 $S=(A_1,A_2,\cdots,A_n)$,则称 A_1 为栈底元素,A_n 为栈顶元素。栈中元素按 A_1,$A_2,\cdots,A_n$ 的次序进栈,出栈的第一个元素应为栈顶元素 A_n。图 3.8 是栈的进栈、出栈示意图。

栈的基本运算有 3 种:进栈、出栈和读栈顶元素。

栈和一般线性表的实现方法类似,通常也可以采用顺序方式和链接方式来实现。

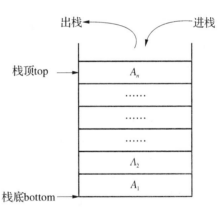

图 3.8 进栈、出栈示意图

(2) 队列及其基本运算

队列(Queue)是指允许在一端进行插入,而在另一端进行删除的线性表。允许进行删除运算的一端称为队头(或排头),允许进行插入运算的一端称为队尾。若有队列:

$$Q=(Q_1,Q_2,\cdots,Q_n)$$

那么,Q_1 为队头元素(排头元素),Q_n 为队尾元素。队列中的元素是按照 $Q_1,Q_2,\cdots,Q_n$ 的顺序进入的,退出队列也只能按照这个次序依次退出。与栈相反,队列又称为"先进先出"或"后进后出"的线性表。

队列的运算通常用顺序存储的线性表来表示,为了指示当前执行出队运算的队头位置,需要一个队头指针(排头指针)front,为了指示当前执行入队运算的队尾位置,需要一个队尾指针 tail。队头指针 front 总是指向队头元素的前一个位置,而队尾指针 tail 总是指向队尾元素。队尾指针 tail 和队头指针 front 共同反映了队列中元素动态变化的情况。如图 3.9 所示是队列的示意图。

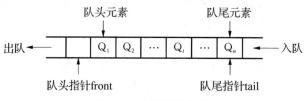

图 3.9　队列的示意图

（3）循环队列及其运算

在实际应用中,队列的顺序存储结构一般采用循环队列的形式。

所谓循环队列,就是将队列存储空间的最后一个位置绕到第一个位置,形成逻辑上的环状空间,供队列循环使用。

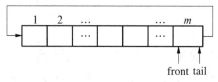

图 3.10　循环队列的初始状态示意图

在循环队列中,用队尾指针 tail 指向队列中的队尾元素,用队头指针指向排头元素的前一个位置。因此,从队头指针 front 指向的后一个位置直到队尾指针 tail 指向的位置之间所有的元素均为队列中的元素。循环队列的初始状态为空,即 front=tail=m,如图 3.10 所示。

在循环队列中,当 front=tail 时,不能确定是队列满还是队列空。在实际使用循环队列时,通常会增加一个标志 s 来区分队列满还是队列空。当 s=0 时表示队列为空;当 s=1 且 front=tail 时表示队列满。

3. 线性链表的基本概念

（1）线性链表

线性表的链式存储结构称为线性链表,简称链表。这种链表每个节点只有一个指针域,又称为单链表。

在线性链表中,第一个元素没有前件,指向链表中的第一个节点的指针,是一个特殊的指针,称为这个链表的头指针(HEAD)。最后一个元素没有后件,因此,线性链表最后一个节点的指针域为空,用 NULL 或 0 表示。

线性链表的存储单元是任意的,即各数据节点的存储序号可以是连续的,也可以是不连续的,各节点在存储空间中的位置关系与逻辑关系不一致,前后件关系由存储节点的指针来表示。指向第一个数据元素的头指针 HEAD 等于 NULL 或者 0 时,称为空表。

在某些应用中,对线性链表中的每个节点设置两个指针,一个指针域存放前件的地址,称为左指针(Llink),一个指针域存放后件的地址,称为右指针(Rlink)。这样的线性链表称为双向链表。图 3.11 是双向链表的示意图。在双向链表中,由于为每个节点设置了两个指针,从某一个节点出发,可以很方便地找到其他任意一个节点。

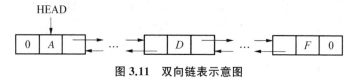

图 3.11　双向链表示意图

（2）带链的栈

栈也可以采用链式存储结构表示，把栈组织成一个单链表。这种数据结构可称为带链的栈。图 3.12(a)是带链的栈示意图。

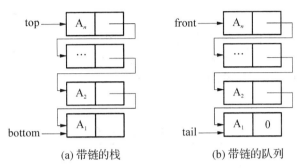

图 3.12　带链的栈和带链的队列

（3）带链的队列

与栈类似，队列也可以采用链式存储结构表示。带链的队列就是用一个单链表来表示队列，队列中的每一个元素对应链表中的一个节点。图 3.12(b)是带链的队列的示意图。

（4）顺序表和链表的比较

顺序表和链表的优缺点如表 3.4 所示。

表 3.4　顺序表和链表的优缺点比较

类型	优点	缺点
顺序表	① 可以随机存取表中的任意节点 ② 无须为表示节点间的逻辑关系额外增加存储空间	① 顺序表的插入和删除运算效率很低 ② 顺序表的存储空间不便于扩充 ③ 顺序表不便于对存储空间的动态分配
链表	① 在进行插入和删除运算时，只需要改变指针即可，不需要移动元素 ② 链表的存储空间易于扩充并且方便空间的动态分配	需要额外的空间（指针域）来表示数据元素之间的逻辑关系，存储密度比顺序表低

（5）循环链表

在单链表的第一个节点前增加一个表头节点，队头指针指向表头节点，最后一个节点的指针域的值由 NULL 改为指向表头节点，这样的链表称为循环链表。循环链表中，所有节点的指针构成了一个环状链。

在循环链表中，只要指出表中任何一个节点的位置，就可以从它出发访问到表中其他所有的节点。并且，由于表头节点是循环链表所固有的节点，因此，即使在表中没有数据元素的情况下，表中也至少有一个节点存在，从而使空表和非空表的运算统一。

循环链表的逻辑状态如图 3.13 所示。

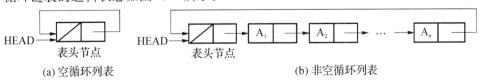

图 3.13　循环链表的逻辑状态

4. 树与二叉树

(1) 树的基本概念

树是一种简单的非线性结构。例如,一个家族中的族谱关系:A 有后代 B,C;B 有后代 D,E,F;C 有后代 G;E 有后代 H,I。则这个家族的成员及血统关系可用图 3.14 这样一棵倒置的树来描述。树的相关术语如表 3.5 所示。

在树中,树中的节点数等于树中所有节点的度之和再加 1。

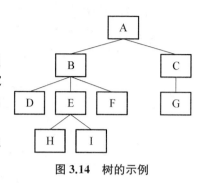

图 3.14 树的示例

表 3.5 树的相关术语

基本概念	含义	例子
父节点(根)	在树结构中,每一个节点只有一个前件,称为该节点的父节点;没有前件的节点只有一个,称为树的根节点,简称树的根	在图 3.14 中,节点 A 是树的根节点
子节点和叶子节点	在树结构中,每一个节点可以有多个后件,称为该节点的子节点。没有后件的节点称为叶子节点	在图 3.14 中,节点 D、H、I、F、G 均为叶子节点
度	在树结构中,一个节点所拥有的后件个数称为该节点的度,所有节点中最大的度称为树的度	在图 3.14 中,根节点 A 和节点 E 的度为 2,节点 B 的度为 3,节点 C 的度为 1,叶子节点 D、H、I、F、G 的度为 0。所以,该树的度为 3
深度	定义一棵树的根节点所在的层次为 1,其他节点所在的层次等于它的父节点所在的层次加 1。树的最大层次称为树的深度	在图 3.14 中,根节点 A 在第 1 层,节点 B、C 在第 2 层,节点 D、E、F、G 在第 3 层,节点 H、I 在第 4 层。该树的深度为 4
子树	在树中,以某节点的一个子节点为根构成的树称为该节点的一棵子树	在图 3.14 中,节点 A 有 2 棵子树,它们分别以 B、C 为根节点。节点 B 有 3 棵子树,它们分别以 D、E、F 为根节点,其中,以 D、F 为根节点的子树实际上只有根节点一个节点

(2) 二叉树及其基本性质

① 二叉树的定义

二叉树与树不同,但它与树结构很相似,如图 3.15 所示是一棵二叉树。

二叉树的特点如下:

● 二叉树可以为空,空的二叉树没有节点,非空二叉树有且只有一个根节点;

● 每个节点最多有两棵子树,即二叉树中不存在度大于 2 的节点;

● 二叉树的子树有左右之分,其次序不能任意颠倒。

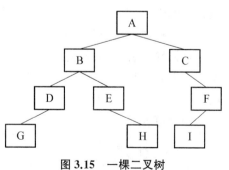

图 3.15 一棵二叉树

② 二叉树的性质

二义树具有以下几个性质：

性质 1：在二叉树的第 k 层上，最多有 $2^{k-1}(k \geqslant 1)$ 个节点。

性质 2：深度为 m 的二叉树中，最多有 2^m-1 个节点。

性质 3：对任何一棵二叉树，度为 0 的节点（即叶子节点）总是比度为 2 的节点多一个。

性质 4：具有 n 个节点的二叉树，其深度至少为 $[\log_2^n]+1$，其中 $[\log_2^n]$ 表示取 $\log_2^n$ 的整数部分。

③ 满二叉树和完全二叉树

满二叉树是指除最后一层外，每一层上的所有节点都有两个子节点的二叉树。即满二叉树在其第 k 层上有 2^{k-1} 个节点，且深度为 m 的满二叉树共有 2^m-1 个节点。图 3.16 所示是深度为 4 的满二叉树。

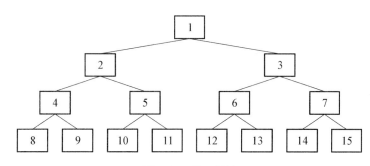

图 3.16 满二叉树

完全二叉树是指除最后一层外，每一层上的节点数均达到最大值，在最后一层上只缺少右边的若干节点的二叉树。图 3.17 所示是深度为 4 的一棵完全二叉树。

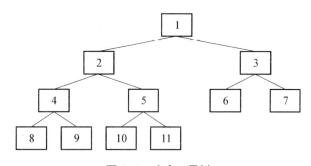

图 3.17 完全二叉树

由完全二叉树可知，满二叉树一定是完全二叉树，完全二叉树一般不是满二叉树。完全二叉树具有如下特点：

● 叶子节点只可能在最后两层出现；

● 对于任一节点，若其右子树的深度为 m，则该节点左子树的深度为 m 或为 $m+1$。

性质 5：具有 n 个节点的完全二叉树的深度为 $[\log_2^n]+1$。

（3）二叉树的存储结构

在计算机中，二叉树通常采用链式存储结构。用于存储二叉树中元素的存储节点由数据域和指针域两部分构成。由于每一个元素可以有两个后件,所以用于存储二叉树的存储节点的指针域有两个:一用于指向该节点的左子节点,即左指针域;另一个用于指向该节点的右子节点,即右指针域。二叉树的存储节点如图3.18所示。

左指针域	数据域	右指针域
L(i)	Data(i)	R(i)

图3.18 二叉树的一个存储节点

由于二叉树的存储结构中每一个存储节点有两个指针域,因此,二叉树的链式存储结构也称为二叉链表。

对于满二叉树与完全二叉树可以按层次进行顺序存储。

(4) 二叉树的遍历

二叉树的遍历是指不重复地访问二叉树中的所有节点。

在遍历二叉树的过程中,一般先遍历左子树,再遍历右子树。在先左后右的原则下,根据访问根节点的次序不同,二叉树的遍历可以分为3种:前序遍历(DLR)、中序遍历(LDR)、后序遍历(LRD)。

① 前序遍历

首先访问根节点,然后遍历左子树,最后遍历右子树;并且在遍历左子树和右子树时,仍然先访问根节点,然后遍历左子树,最后遍历右子树。例如,对图3.19中的二叉树进行前序遍历的结果(或称为该二叉树的前序序列)为:A,B,D,H,E,I,C,F,G。

② 中序遍历

首先遍历左子树,然后访问根节点,最后遍历右子树。并且在遍历左子树和右子树时,仍然首先遍

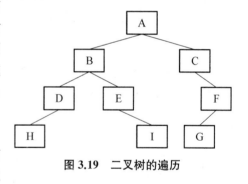

图3.19 二叉树的遍历

历左子树,然后访问根节点,最后遍历右子树。例如,对图3.19中的二叉树进行中序遍历的结果(或称为该二叉树的中序序列)为:H,D,B,E,I,A,C,G,F。

③ 后序遍历

首先遍历左子树,然后遍历右子树,最后访问根节点;并且在遍历左子树和右子树时,仍然首先遍历左子树,然后遍历右子树,最后访问根节点。例如,对图3.19中的二叉树进行后序遍历的结果(成称为该二叉树的后序序列)为:H,D,I,E,B,G,F,C,A。

如果已知一棵二叉树的前序遍历序列和中序遍历序列,可以唯一确定这棵二叉树;已知一棵二叉树的后序遍历序列和中序遍历序列,也可以唯一确定这棵二叉树。但是,已知一棵二叉树的前序遍历序列和后序遍历序列,不能唯一确定这棵二叉树。

5. 查找技术

(1) 顺序查找

基本思想是:从线性表的第一个元素开始,逐个将线性表中的元素与被查元素进行比

较,如果相等,则查找成功,停止查找;若整个线性表扫描完毕,仍未找到与被查元素相等的元素,则表示线性表中没有要查找的元素,查找失败。

● 最好情况下,第一个元素就是要查找的元素,则比较次数为 1 次。

● 最坏情况下,最后一个元素才是要找的元素,成者在线性表中,没有要查找的元素,则需要与线性表中所有的元素比较,比较次数为 n 次。

● 平均情况下,大约需要比较 $n/2$ 次。

在以下两种情况中,顺序查找运算是唯一的选择:

① 线性表为无序表(即表中的元素是无序的),则不管是顺序存储结构,还是链式存储结构,都只能用顺序查找。

② 即使线性表是有序的,如果采用链式存储结构,也只能用顺序查找。

(2) 二分法查找

能使用二分法查找的线性表必须满足两个条件:① 用顺序存储结构;② 线性表是有序表。此处的"有序"是特指元素按非递减排列,即从小到大排列,但允许相邻元素相等。

对于长度为 n 的有序线性表,利用二分法查找元素 X 的过程如下。

将 X 与线性表的中间项比较:

● 如果 X 的值与中间项的值相等,则查找成功,结束查找;

● 如果 X 小于中间项的值,则在线性表的前半部分以二分法继续查找;

● 如果 X 大于中间项的值,则在线性表的后半部分以二分法继续查找。

顺序查找法每一次比较,只将查找范围减少 1,而二分法查找,每比较一次,可将查找范围减少为原来的一半,效率大大提高。对于长度为 n 的有序线性表,在最坏情况下,二分法查找只需比较 $\log_2^n$ 次。

6. 排序技术

排序是指将一个无序序列整理成按值非递减顺序排列的有序序列。

(1) 交换类排序法

交换类排序法是借助数据元素的"交换"来进行排序的一种方法。

① 冒泡排序法

在数据元素的序列中,对于某个元素,如果其后存在一个元素小于它,则称之为存在一个逆序。冒泡排序的基本思想就是通过两两相邻数据元素之间的比较和交换,不断地消去逆序,直到所有数据元素有序为止。

在最坏情况下,对长度为 n 的线性表排序,冒泡排序需要比较的次数为 $n(n-1)/2$。

② 快速排序

在待排序的 n 个元素中取一个元素 K(通常取第一个元素),以元素 K 作为分割标准,把所有小于 K 元素的数据元素都移到 K 前面,把所有大于 K 元素的数据元素都移到 K 后面。这样,以 K 为分界线,把线性表分割为两个子表,这称为一趟排序。然后,对 K 前后的两个子表分别重复上述过程。继续下去,直到分割的子表的长度为 1 为止,这时,线性表已经是排好序的了。

快速排序在最坏情况下需要进行 $n(n-1)/2$ 次比较,但实际的排序效率要比冒泡排序高得多。

（2）插入类排序法

插入排序是每次将一个待排序元素,按其元素值的大小插入到前面已经排好序的子表中的适当位置,直到全部元素插入完成为止。

① 简单插入排序

简单插入排序是把 n 个待排序的元素看成是一个有序表和一个无序表,开始时,有序表只包含一个元素,而无序表包含另外 $n-1$ 个元素,每次取无序表中的第一个元素插入到有序表中的正确位置,使之成为增加一个元素的新的有序表。插入元素时,插入位置及其后的记录依次向后移动。最后有序表的长度为 n,而无序表为空,此时排序完成。

在最坏情况下,简单插入排序需要 $n(n-1)/2$ 次比较。

② 希尔排序

希尔排序的基本思想是,先取一个整数(称为增量)$d_1 < n$,把全部数据元素分成 d_1 个组,所有距离为 d_1 倍数的元素放在一组中,组成了一个子序列,对每个子序列分别进行简单插入排序。然后取 $d_2 < d_1$ 重复上述分组和排序工作,直到 $d_i = 1$,即所有记录在一组中为止。

希尔排序的效率与所选取的增量序列有关。在最坏情况下,希尔排序需要比较的次数是 $n^r (1 < r < 2)$。

（3）选择类排序法

选择排序的基本思想是通过每一趟从待排序序列中选出值最小的元素,顺序放在已排好序的有序子表的后面,直到全部序列满足排序要求为止。

① 简单选择排序法

基本思想:先从所有 n 个待排序的数据元素中选择最小的元素,将该元素与第 1 个元素交换,再从剩下的 $n-1$ 个元素中选出最小的元素与第 2 个元素交换。重复这样的操作直到所有的元素有序为止。

简单选择排序法在最坏的情况下需要比较 $n(n-1)/2$ 次。

② 堆排序法

若有 n 个元素的序列 $(h_1, h_2, \cdots, h_n)$,将元素按顺序组成一棵完全二叉树,当且仅当满足下列条件时称为堆。

$$\begin{cases} h_i \geqslant h_{2i} \\ h_i \geqslant h_{2i+1} \end{cases}$$

或者

$$\begin{cases} h_i \leqslant h_{2i} \\ h_i \leqslant h_{2i+1} \end{cases}$$

其中,$i = 1, 2, 3, \cdots, n/2$。

第一种情况称为大根堆,所有节点的值大于或等于左右子节点的值。第二种情况称为小根堆,所有节点的值小于或等于左右子节点的值。

堆排序最坏情况需要 $n\log_2^n$ 次比较。

3.3 程序设计基础

3.3.1 什么是程序?

按照冯·诺依曼"存储程序控制"的思想,程序是为解决一个信息处理任务而预先编制的工作执行方案,是由一串 CPU 能够执行的基本指令组成的序列,每一条指令规定了计算机应进行什么操作(如加、减、乘、判断等)及操作需要的有关数据。例如,从存储器读取一个数送到运算器就是一条指令,从存储器读出一个数并和运算器中原有的数相加也是一条指令。

程序是一系列按照特定顺序组织的计算机数据和指令的集合,由源程序和数据构成。

源程序是指未经编译的、按照一定的程序设计语言规范书写的、人类可读的文本文件,通常由高级语言编写。源程序可以以书籍、磁带、U 盘、硬盘或者其他载体的形式出现,可以用常用的格式存储,经过编译转换为二进制执行码形成可执行文件后就可在计算机中运行,这就是用户常用的应用程序。

数据就是被程序处理的信息。程序处理的对象和处理得到的结果,分别称为输入数据和输出数据,通称为数据。程序必须处理合理的、正确的输入数据,才能得到有意义的结果。程序和数据具有相对性,一个程序可能是另一个程序处理的数据,也就是说一个程序输出数据可以是另一个程序的输入数据。

程序具有如下特点:

① 完成某一确定信息处理任务。

② 使用某种计算机语言描述如何完成特定的任务。

③ 存储在计算机中,并在启动运行后才能起作用。

3.3.2 程序设计语言

人们使用自然语言进行日常沟通,要与计算机进行通信就必须采用程序设计语言。程序设计语言就是一种人能方便地使用且计算机也能理解的语言。程序员使用程序语言来编制程序,精确地表达需要计算机完成的任务,计算机就能按照程序的规定去完成任务。程序设计语言填补了人与计算机交流的鸿沟(图 3.20)。

图 3.20　程序设计语言建立起有效的人机沟通

1. 程序设计语言的分类

自 20 世纪 60 年代以来,世界上公布的程序设计语言已有上千种之多,但是只有很小一部分得到了广泛的应用。从语言的发展历程来看,程序设计语言主要有以下几种类型:

(1) 机器语言

计算机的硬件特性使得其只能存储和执行由 0 和 1 表示的二进制信息,将一定位数的 0

和1组成各种排列组合,通过线路变成电信号,让计算机执行各种不同的操作。这些按照一定规则编写的二进制代码能被计算机直接识别和执行,称为机器语言,它是能被硬件直接识别和执行的计算机语言。

机器语言是由二进制0、1代码指令构成,不同的CPU具有不同的指令系统。机器语言程序难编写、难修改、难维护,需要用户直接对存储空间进行分配,编程效率极低。目前,这种语言已经渐渐被淘汰。

(2)汇编语言

汇编语言指令是机器指令的符号化,与机器指令存在着直接的对应关系,所以汇编语言同样存在着难学难用、容易出错、维护困难等缺点。但是汇编语言也有自己的优点:可直接访问系统接口,汇编程序翻译成的机器语言程序的效率高。

汇编语言亦称为符号语言,机器不能直接识别使用汇编语言编写的程序,要由一种程序将汇编语言翻译成机器语言,这种起翻译作用的程序叫汇编程序,汇编程序是系统软件中的语言处理系统软件。汇编程序把汇编语言翻译成机器语言的过程称为汇编。

从软件工程角度来看,只有在高级语言不能满足设计要求,或不具备支持某种特定功能的技术性能时,汇编语言才被使用。

(3)高级语言

高级语言是面向用户的、基本上独立于计算机种类和结构的语言。其最大的优点是:形式上接近于算术语言和自然语言,概念上接近于人们通常使用的概念。高级语言的一个命令可以代替几条、几十条甚至几百条汇编语言的指令。因此,高级语言易学易用,通用性强,应用广泛。

2. 常用的程序设计语言

程序设计语言的种类有很多。1956年出现的Fortran语言标志着高级语言的到来。下面介绍几种常用的程序设计语言。

(1)汇编语言

汇编语言是面向机器的程序设计语言。汇编语言比机器语言易于读写,易于调试和修改,同时也具有机器语言的执行速度快、占内存空间少等优点,但在编写复杂程序时具有明显的局限性,汇编语言依赖于具体的机型,不能通用,也不能在不同机型之间移植。

汇编语言至今仍然是从事系统软件开发的程序员必须了解的语言,在某些行业与领域,汇编语言是必不可少的。在熟练的程序员手里,使用汇编语言编写的程序,其运行效率与性能比用其他语言写的程序更加优秀,但是代价是需要更长的时间来优化。

(2)BASIC和VB语言

BASIC是"Beginners All-Purpose Symbolic Instruction Code"的缩写,其中文含义为"初学者通用符号指令代码",其特点是简单易学。

VB是Visual Basic的简称,是微软公司推出的一种Windows应用程序开发工具。Visual指的是采用可视化的开发图形用户界面(GUI)的方法,一般不需要编写大量代码去描述界面元素的外观和位置,而只要把需要的控件拖放到屏幕上的相应位置即可;Basic指的是BASIC语言,因为VB是在原有的BASIC语言的基础上发展起来的,至今仍包含数百条语句、函数及关键词。专业人员可以用VB实现其他任何Windows编程语言的功能,而初学者只要掌握几个关键词就可以建立实用的应用程序。

（3）C、C++和C♯语言

C 语言是 Combined Language（组合语言）的简称。它既具有高级语言的特点，又具有汇编语言的特点。它可以作为工作系统设计语言，编写系统应用程序，也可以作为应用程序设计语言，编写不依赖于计算机硬件的应用程序。因此，它的应用范围广泛，不仅仅是在软件开发上，而且很多科研项目都需要用到 C 语言。C 语言的具体应用如单片机以及嵌入式系统的开发。

C++语言是一种优秀的面向对象程序设计语言，它在 C 语言的基础上发展而来。C++以其独特的语言机制在计算机科学的各个领域中得到了广泛的应用。面向对象的设计思想是在原来结构化程序设计方法基础上的一个质的飞跃，C++完美地体现了面向对象的各种特性。

C♯语言一种安全的、稳定的、简单的、优雅的，由 C 和 C++衍生出来的面向对象的编程语言。它在继承 C 和 C++强大功能的同时去掉了一些它们的复杂特性（例如没有宏和模板，不允许多重继承），又融入其他语言如 Pascal、Java、VB 等。C♯综合了 VB 简单的可视化操作和 C++的高运行效率，是.NET 开发的首选语言。

（4）Java 语言

Java 语言是由 SUN 公司发布的一种面向对象的、用于网络环境的程序设计语言。其基本特征是：适用于网络分布环境，具有一定的平台独立性、安全性和稳定性。Java 语言受到了各种应用领域的重视，取得了快速的发展，在因特网上已推出了用 Java 语言编写的很多应用程序。

Java 语言的编程风格十分接近 C、C++语言。Java 是一个纯的面向对象的程序设计语言，它继承了 C++，语言面向对象技术的核心。Java 舍弃了 C++语言中容易引起错误的指针（以引用取代）、运算符重载（operator overloading）、多重继承（以接口取代）等特性，增加了垃圾回收器功能用于回收不再被引用的对象所占据的内存空间，使得程序员不用再为内存管理而担忧。

（5）Python 语言

Python 具有简单、易学、免费、开源、可移植、可扩展、可嵌入、面向对象等优点，它的面向对象甚至比 Java 和 C♯更彻底。根据 TIOBE 最新排名，Python 已超越 C♯，与 Java，C，C++一起成为全球前 4 名的编程语言。Python 被广泛应用于后端开发、游戏开发、网站开发、科学运算、大数据分析、云计算、图形开发等领域，在软件质量控制、提升开发效率、可移植性、组件集成、丰富库支持等各个方面均处于先进地位。

（6）脚本语言

脚本语言是为了缩短传统的编写—编译—链接—运行（edit-compile-link-run）过程而创建的计算机编程语言。它的命名起源于一个脚本"screenplay"，每次运行都会使对话框逐字重复。早期的脚本语言经常被称为批量处理语言或工作控制语言。

一个脚本通常是解释执行而非编译。脚本语言通常都有简单、易学、易用的特性，目的就是希望能让程序员快速完成程序的编写工作。而宏语言则可视为脚本语言的分支，两者也有实质上的相同之处。脚本语言特点如下：

① 脚本语言（JavaScript，VBscript 等）介于 HTML 和 C、C++、Java、C♯等编程语言

之间。HTML通常用于格式化和链接文本。而编程语言通常用于向机器发出一系列复杂的指令。

② 脚本语言与编程语言也有很多相似地方,其函数与编程语言比较相像一些,其也涉及变量。与编程语言之间最大的区别是编程语言的语法和规则更为严格和复杂一些。

③ 脚本语言一般都是以文本形式存在,类似于一种命令。与程序代码的关系:脚本也是一种语言,其同样由程序代码组成。

④ 相对于编译型计算机编程语言,用脚本语言开发的程序在执行时,由其所对应的解释器(或称虚拟机)解释执行。例如 Python、VBscript、JavaScript、Installshield Script、Action Script 等等,脚本语言不需要编译,可以直接由解释器来负责解释。

3. 程序设计语言处理系统

使用高级语言编写的源程序在计算机中是不能直接执行的,必须翻译成机器语言程序,通常有两种翻译方式:解释方式和编译方式。

(1) 解释方式

执行方式类似于我们日常生活中的"同声翻译",应用程序源代码一边由相应语言的解释器"翻译"成目标代码(机器语言),一边执行,因此效率比较低,而且不能生成可独立执行的可执行文件,应用程序不能脱离其解释器,但这种方式比较灵活,可以动态地调整、修改应用程序,例如 Basic。脚本语言也是一种解释性的语言,例如 VBscript、Javascript 等等。

(2) 编译方式

编译是指在应用源程序执行之前,就将程序源代码"翻译"成目标代码,以二进制的机器码表示,类似"笔译",因此其目标程序可以脱离其语言环境独立执行,使用比较方便、效率较高(见图3.21)。但应用程序一旦需要修改,必须先修改源代码,再重新编译生成新的目标文件($*$.OBJ)才能执行。现在大多数的编程语言都是编译型的,例如:C、C++、Delphi 等。

Java 很特殊,Java 程序也需要编译,但是没有直接编译成为机器语言,而是编译成为伪码,然后用解释方式执行字节码。

由 C、Java、Fortran、BASIC 等高级语言编写的程序称为源程序,符合一定的语法,必须先由一个叫作编译器或者是解释器的软件将其翻译成特定的机器语言程序之后,才能在计算机上运行。

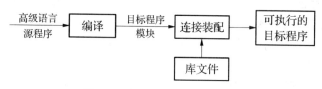

图 3.21　源程序编译、连接过程

编译(compiler)主要有初始阶段、源程序的分析、目标过程综合三个过程构成(见图3.22)。

① 初始阶段:建立数据结构,为分析和综合做准备。

② 源程序的分析:词法分析、语法分析和语义分析。

③ 目标程序的综合:存储分配、代码优化、代码生成。

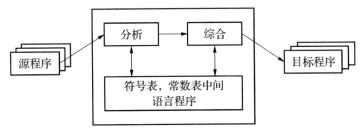

图 3.22 源程序的编译过程

解释器读取事件激发的相应代码,并逐条将其转换为机器代码,然后执行;编译器读取程序的全部代码,将其转换为机器代码,并保存在 exe 类型的可执行文件中,以便以后脱离开发环境运行。

3.3.3* 程序设计方法

在程序设计方法的发展过程中,主要经历了结构化程序设计和面向对象的程序设计。

1. 结构化程序设计方法

结构化程序设计语言是以"数据结构+算法"程序设计范式构成的程序设计语言,典型的主要有 C、Pascal 等语言,这类语言开发过程通常会大量定义函数和结构体。

(1) 结构化程序设计的原则

结构化程序设计方法的重要原则是自顶向下、逐步求精、模块化及限制使用 goto 语句。

(2) 结构化程序设计的基本结构

结构化程序设计是使用"顺序结构""选择结构"和"循环结构"3 种基本结构就足以表达各种其他形式结构的程序设计方法(图 3.23)。它们的共同特征是:严格地只有一个入口和一个出口。遵循结构化程序的设计原则,按结构化程序设计方法设计出的程序具有如下优点:

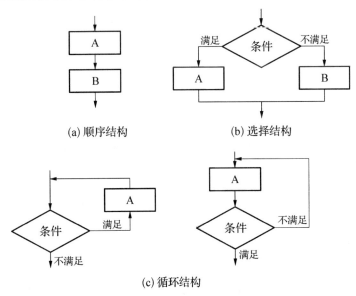

图 3.23 结构化程序设计的基本结构

● 程序易于理解、使用和维护;
● 提高了编程工作的效率,降低了软件开发成本。

2. 面向对象的程序设计方法

面向对象程序设计语言是以"对象+消息"程序设计范式构成的程序设计语言,是一种把面向对象的思想应用于软件开发过程中,指导开发活动的系统方法,简称 OO(Object-Oriented)方法。就是基于对象概念,以对象为中心,以类和继承为构造机制来认识、理解、刻画客观世界和设计、构建相应的软件系统。比较流行的面向对象语言有 Visual Basic、Java、C++、C♯、Python 等。

(1) 面向对象方法的优点

● 与人类习惯的思维方法一致;
● 稳定性好;
● 可重用性好;
● 容易开发大型软件产品;
● 可维护性好。

(2) 面向对象方法的基本概念

① 对象

面向对象方法中的对象由两部分组成:

● 数据,也称为属性,即对象所包含的信息,表示对象的状态;
● 方法,也称为操作,即对象所能执行的功能、所能具有的行为。

对象的基本特点归纳如表 3.6 所示。

表 3.6 对象的基本特点

特点	描述
标识唯一性	对象是可区分的,且由对象的内在本质来区分,而不是通过描述区分
分类性	指可以将具有相同属性和操作的对象抽象成类
多态性	指同一个操作可以是不同对象的行为,不同对象执行同一操作产生不同的结果
封装性	从外面看只能看到对象的外部特性,对象的内部对外是不可见的
模块独立性好	由于完成对象功能所需的元素都被封装在对象内部,所以模块独立性好

② 类和实例

类(class)是具有共同属性共同方法的对象的集合,是关于对象的抽象描述,反映属于该对象类型的所有对象的性质。一个具体对象则是其对应类的一个实例(instance)。

例如,"汽车"是一个汽车类,它描述了所有汽车的性质。因此,任何汽车都是类"汽车"的一个对象(这里的"对象"不可以用"实例"来代替),而一个具体的汽车"车牌号×××的红旗轿车"是类"汽车"的一个实例。

类是关于对象性质的描述,它同对象一样,包括一组数据属性和在数据上的一组合法操作。

③ 消息

消息(message)传递是对象间通信的手段,一个对象通过向另一对象发送消息来请求其服务。

④ 继承

在面向对象程序设计中,类与类之间也可以继承,一个子类可以直接继承其父类的全部描述(数据和操作),这些属性和操作在子类中不必定义。此外,子类还可以定义它自己的属性和操作。

例如,"四边形"类是"正方形"类的父类,"四边形"类可以有"顶点坐标"等属性,有"移动""旋转""求周长"等操作。而"正方形"类除了继承"四边形"类的属性和操作外,还可定义自己的属性和操作,"长""宽"等属性和"求面积"等操作。

继承具有传递性,如果类 Z 继承类 Y,类 Y 继承类 X,则类 Z 继承类 X。

需要注意的是,类与类之间的继承应根据需要来做,并不是任何类都要继承。

⑤ 多态性

在面向对象的软件技术中,多态性是指子类对象可以像父类对象那样使用,同样的消息既可以发送给父类对象也可以发送给子类对象。

例如,在一般类"polygon"(多边形)中定义了一个方法"Show"显示自身,但并不确定执行时到底画一个什么图形。特殊类 square 和类 rectangle 都继承了 polygon 类的显示操作,但其实现的结果却不同,把名为 Show 的消息发送给一个 rectangle 类的对象是在屏幕上画矩形,而将同样消息名的消息发送给一个 square 类的对象则是在屏幕上画一个正方形。

总的说来,结构化语言以业务的处理流程来思考,重在每个步骤功能问题;面向对象语言以对象的属性和行为来思考,重在抽象和对象间的协作问题。

此外,数据库结构化查询语言 SQL(Structured Query Language)是为关系数据库管理系统开发的一种查询语言,随着信息技术的发展 SQL 语言得到了广泛的应用。SQL 与其他高级语言的选择并不冲突,反而是紧密结合的。应用软件无论用到哪种高级编程语言来开发,如果软件中使用数据库来存储数据,那么 SQL 的运用是必不可少的。

3.4* 软件工程基础

3.4.1 软件工程的基本概念

1. 软件工程

软件工程是试图用工程科学和数学的原理与方法研制、维护计算机软件的有关技术及管理方法,是应用于计算机软件的定义、开发和维护的一整套方法、工具、文档、实践标准和工序。软件工程包含 3 个要素:方法、工具和过程。

抽象、信息隐蔽、模块化、局部化、确定性、一致性、完备性和可验证性是软件工程的原则。

2. 软件过程

软件过程是把输入转化为输出的一组彼此相关的资源和活动。软件过程是为了获得高质量软件所需要完成的一系列任务的框架,它规定了完成各项任务的工作步骤。软件过程所进行的基本活动主要有软件规格说明、软件开发或软件设计与实现、软件确认、软件演进。

3. 软件生命周期

软件开发应遵循一个软件的生命周期。通常把软件产品从提出、实现、使用、维护到停止使用的过程称为软件生命周期。软件生命周期分为 3 个时期共 8 个阶段,如图 3.24 所示。

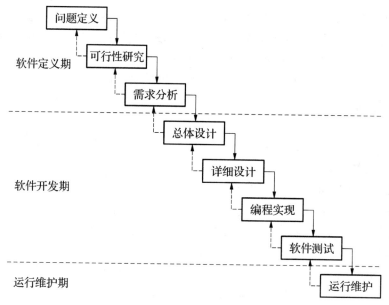

图 3.24　软件生命周期

在图 3.24 中的软件生命周期各阶段的主要任务介绍如下:

(1)问题定义

确定要求解决的问题是什么。

(2)可行性研究

决定该问题是否存在一个可行的解决办法,制定完成开发任务的实施计划。

(3)需求分析

对待开发软件提出的需求进行分析并给出详细定义。编写软件规格说明书及初步的用户手册,提交评审。

(4)软件设计

通常又分为总体设计和详细设计两个阶段,给出软件的结构、模块的划分功能的分配以及处理流程。软件设计阶段提交评审的文档有总体设计说明书、详细设计说明书和测试计划初稿。

(5)软件实现

在软件设计的基础上编写程序。该阶段完成的文档有用户手册、操作手册等面向用户的文档,以及为下一步做准备而编写的单元测试计划。

(6)软件测试

在设计测试用例的基础上,检验软件的各个组成部分。编写测试分析报告。

(7)运行维护

将已交付的软件投入运行,同时不断地维护,进行必要而且可行的扩充和删改。

3.4.2　需求分析及其方法

1. 需求分析

（1）需求分析相关概念

需求分析的任务是发现需求、提炼、建模和定义需求。需求分析将创建所需的数据模型、功能模型和控制模型。

需求分析阶段的工作可以分为 4 个方面：需求获取、需求分析、编写需求规格说明书和需求评审。

（2）需求规格说明书

软件需求规格说明书是需求分析阶段的最后成果。软件需求规格说明书应重点描述软件的目标，软件的功能需求、性能需求、外部接口、属性及约束条件。

软件需求规格说明中的特点：正确性；无歧义性；完整性；可验证性；一致性；可理解性；可修改性；可追踪性。

（3）需求分析方法

需求分析方法可以分为结构化分析方法和面向对象的分析方法两大类。

① 结构化分析方法：

主要包括面向数据流的结构化分析方法、面向数据结构的 Jackson 系统开发方法和面向数据结构的结构化数据系统开发方法。

② 面向对象分析方法：

面向对象分析是面向对象软件工程方法的第一个环节，包括一套概念原则、过程步骤、表示方法、提交文档等规范要求。

另外，从需求分析建模的特性来划分，需求分析方法还可以分为静态分析方法和动态分析方法。

2. 结构化分析方法的常用工具

结构化分析是使用数据流图、数据字典、判定树和判定表等工具，来建立一种新的、称为结构化规格说明的目标文档。

需求分析的结构化分析方法中的常用工具是数据流图（Data Flow Diagram，DFD）。数据流图中的主要图形元素与说明如表 3.7 所示。

表 3.7　数据流图的主要图形元素

名称	图形	说明
数据流 （data flow）	→	沿箭头方向传送数据，一般在旁边标注数据流名
加工 （process）	◯	又称转换，表示数据处理
存储文件 （file）	══	又称数据源，表示处理过程中存放各种数据的文件
源/池（潭） （source/sink）	▭	数据起源的地方和数据最终的目的地

为使构造的数据流图表达完整、准确、规范,应遵循如下的构造规则和注意事项:

① 数据流图上的每个元素都必须命名。

② 对加工处理建立唯一、层次性的编号,且每个加工处理通常要求既有输入又有输出。

③ 数据存储之间不应有数据流。

④ 数据流图的一致性。即输入输出、读写的对应。

⑤ 父图、子图关系与平衡规则。子图个数不大于父图中的处理个数。所有子图的输入输出数据流和父图中相应处理的输入输出数据流必须一致。

3.4.3 软件设计及其方法

1. 软件设计的基本概念

软件设计是开发阶段最重要的步骤,其任务是确定目标系统"怎么做",包括总体设计(又称为概要设计、初步设计)和详细设计两步。即先大体上设计一番(总体设计),然后再设计每个局部的细节(详细设计)。

2. 总体设计

(1) 总体设计的任务

将软件按功能分解为组成模块,是总体设计的主要任务。划分模块要本着提高独立性的原则。模块独立性的高低是设计好坏的关键,而设计又是决定软件质量的关键环节。模块的独立程度可以由两个定性标准度量:内聚性和耦合性。

① 耦合衡量不同模块彼此间互相依赖(连接)的紧密程度。

② 内聚衡量一个模块内部各个元素彼此结合的紧密程度。

模块的内聚性越高,模块间的耦合性就越低,可见模块的耦合性和内聚性是相互关联的。因此,好的软件设计,应尽量做到高内聚、低耦合。

(2) 结构图

在总体设计中,常用的软件结构设计工具是结构图(Structure Chart,SC),也称为程序结构图。它反映了整个系统的功能实现以及模块与模块之间的联系。结构图的基本图符及含义如表 3.8 所示。

表 3.8 结构图基本图符及含义

概念	含义	图符
模块	一个矩形代表一个模块,矩形内注明模块的名字或主要功能	▭一般模块
调用关系	矩形之间的箭头(或 直线)表示模块的调用关系	___调用关系
信息	用带注释的箭头表示模块调用过程中来回传递的信息。如果希望进一步标明传递的信息是数据信息还是控制信息,则可用带实心圆的箭头表示控制信息,用空心圆箭头表示数据信息	●——▶控制信息 ○——▶数据信息

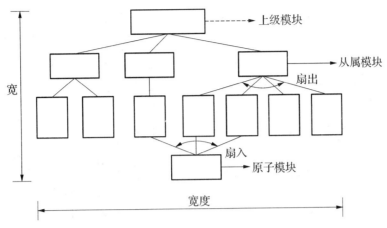

图 3.25 软件结构图

软件的结构是一种层次化的表示,它指出了软件的各个模块之间的关系,如图 3.25 所示。该结构图中涉及的几个术语,简述如表 3.9 所示。

表 3.9 结构图术语

术语	含义
上级模块	控制其他模块的模块
从属模块	被另一个模块调用的模块
原子模块	树中位于叶子节点的模块,也就是没有从属节点的模块
深度	表示控制的层数
宽度	最大模块数的层的控制跨度
扇入	调用一个给定模块的模块个数
扇出	由一个模块直接调用的其他模块个数

好的软件设计结构通常顶层高扇出,中间扇出较少,底层高扇入。

总体设计完成后要编写总体(概要)设计文档。总体设计阶段的文档有总体设计说明书、数据库设计说明书和集成测试计划等。最后还需要对总体设计文档进行评审。

3. 详细设计

详细设计的任务,是为软件结构图中的每一个模块确定实现算法和局部数据结构,用某种选定的表达工具表示算法和数据结构的细节。

常用的详细设计表达工具有程序流程图(PFD)、N-S图、问题分析图(PAD 图)等。图 3.26 给出了一个程序流程图的例子,其中菱形框表示逻辑条件,Y、N 表示条件成立(Yes)或不成立(No)。N-S 图是一个类似表格的方框图,如图 3.27 所示。问题分析图的例子如图 3.28 所示。

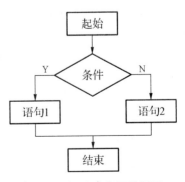

图 3.26 程序流程图的例子

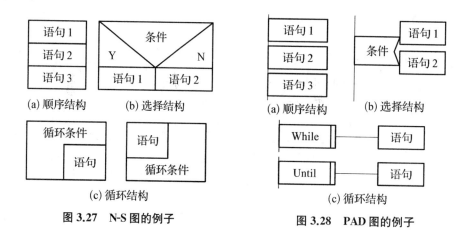

图 3.27　N-S 图的例子　　　　图 3.28　PAD 图的例子

3.4.4　软件测试

1. 软件测试的目的和准则

软件在投入实际使用前,还要经过测试。软件测试并不是为了证明软件正确,而是要尽可能多地发现软件中的错误。软件测试是保证软件质量、可靠性的关键步骤。它是对软件规格说明、设计和编码的最后复审。软件测试的目的就是为了发现错误,发现了错误就是测试成功;没有发现错误就是测试失败。

软件测试应遵循如下准则:

① 所有测试都应追溯到用户需求。

② 在测试之前制定测试计划,并严格执行。

③ 充分注意测试中的群集现象。

④ 避免由程序的编写者测试自己的程序。

⑤ 不可能进行穷举测试。

⑥ 妥善保存测试计划、测试用例、出错统计和最终分析报告,为维护提供方便。

2. 软件测试方法

软件测试具有多种方法,根据软件是否需要被执行,可以分为静态测试和动态测试。如果按照功能划分,可以分为白盒测试和黑盒测试。

(1) 静态测试和动态测试

① 静态测试。

包括代码检查、静态结构分析代码质量度量等。其中代码检查分为代码审查、代码走查、桌面检查、静态分析等具体形式。静态测试不实际运行软件,主要通过人工进行分析。

② 动态测试。

动态测试就是通常所说的上机测试,通过运行软件来检验软件中的动态行为和运行结果的正确性。

动态测试的关键是设计高效、合理的测试用例。测试用例就是为测试设计的数据,由测试输入数据和预期的输出结果两部分组成。

（2）白盒测试和黑盒测试

① 白盒测试

白盒测试是把程序看成装在一只透明的白盒子里，测试者完全了解程序的结构和处理过程。它根据程序的内部逻辑来设计测试用例，检查程序中的逻辑通路是否都按预定的要求正确地工作。

白盒测试的主要技术有逻辑覆盖测试、基本路径测试等。其中逻辑覆盖测试又分为语句覆盖、路径覆盖、判定覆盖、条件覆盖和判断—条件覆盖。

② 黑盒测试。

黑盒测试又称功能测试或数据驱动测试，着重测试软件功能，是把程序看成一只黑盒子，测试者完全不了解，或不考虑程序的结构和处理过程。它根据规格说明书的功能来设计测试用例，检查程序的功能是否符合规格说明的要求。

常用的黑盒测试方法和技术有：等价类划分法、边界值分析法、错误推测法和因果图等。

3. 软件测试的实施

软件测试的实施过程主要有 4 个步骤：单元测试、集成测试、确认测试（验收测试）和系统测试。

（1）单元测试

单元测试也称模块测试，模块是软件设计的最小单位，单元测试是对模块进行正确性的检验，以期尽早发现各模块内部可能存在的各种错误。

通常单元测试在编码阶段进行，单元测试的依据除了源程序以外还有详细设计说明书。

单元测试可以采用静态测试或者动态测试。动态测试通常以白盒测试法为主，测试其结构；以黑盒测试法为辅，测试其功能。

（2）集成测试

集成测试也称组装测试，它是对各模块按照设计要求组装成的程序进行测试，主要目的是发现与接口有关的错误（系统测试与此类似）。

集成测试主要发现设计阶段产生的错误，集成测试的依据是总体设计说明书，通常采用黑盒测试。

集成的方式可以分为非增量方式集成（一次性组装方式）和增量方式集成两种。增量方式包括自顶向下、自底向上以及自顶向下和自底向上相结合的混合增量方法。

（3）确认测试

确认测试的任务是检查软件的功能、性能及其他特征是否与用户的需求一致，它是以需求规格说明书作为依据的测试。确认测试通常采用黑盒测试。

（4）系统测试

在确认测试完成后，把软件系统整体作为一个元素，与计算机硬件、支持软件、数据、人员和其他计算机系统的元素组合在一起，在实际运行环境下对计算机系统进行一系列的集成测试和确认测试，这样的测试称为系统测试。

3.4.5　程序的调试

1. 程序调试的基本概念

调试（也称为 debug，排错）是作为测试后出现的步骤，也就是说，调试是在测试发现错误之后排除错误的过程。程序调试的任务是诊断和改正程序中的错误。

程序调试活动由两部分组成:

① 根据错误的迹象确定程序中错误的确切性质、原因和位置;

② 对程序进行修改,排除这个错误。

2. 调试方法

调试从是否跟踪和执行程序的角度,分为静态调试和动态调试。静态调试是主要的调试手段,是指通过人的思维来分析源程序代码和排错,而动态调试是静态测试的辅助。主要调试方法有强行排错法、回溯法、原因排除法(二分法、归纳法和演绎法)。

本章小结

计算机软件是指计算机系统中的程序及其文档。程序是计算任务的处理对象和处理规则的描述;文档是为了便于了解程序所需的阐明性资料。程序必须装入机器内部才能工作,文档一般是给人看的,不一定装入机器。

计算机软件总体分为系统软件、应用软件和支撑软件(工具软件)三类。软件一般是用某种程序设计语言来实现的,通常可以采用软件开发工具进行软件开发。系统软件是负责管理计算机系统中各种独立的硬件,使得它们可以协调工作。最重要的系统软件是操作系统,它通常具有强大的系统资源管理功能,使得计算机使用者和其他软件将计算机当作一个整体而不需要顾及到底层每个硬件是如何工作的。应用软件是计算机上加载的程序,可借助计算机的能力实现特定的功能,是专门为某一应用目的而编制的软件。

软件的主体是程序,程序是指一组指示计算机每一步动作的指令,通常用某种程序设计语言编写,运行于某种目标体系结构上。人们利用程序设计语言来编写程序,以实现有效的人机沟通。程序设计语言种类繁多,各有特点。然而程序=算法+数据结构,其中算法是程序的核心,数据结构是计算机存储、组织数据的方式,它们是程序设计的两个重要的概念。

软件工程是研究和应用如何以系统性的、规范化的、可定量的过程化方法去开发和维护软件,以及如何把经过时间考验而证明正确的管理技术和当前能够得到的最好的技术方法结合起来的学科。它涉及程序设计语言、数据库、软件开发工具、系统平台、标准、设计模式等方面。

习题与自测题

一、选择题

1. 利用计算机进行图书馆管理,属于计算机应用中的_____。

A. 数值计算　　　　B. 数据处理　　　　C. 人工智能　　　　D. 辅助设计

2. 下列软件中,_____不属于应用软件。

A. Word　　　　B. Excel　　　　C. Windows 10　　　　D. AutoCAD

3. 算法和程序的首要区别在于:一个程序不一定满足下面所列特性中的_____。

A. 具有 0 个或者多个输入量

B. 至少产生一个输出量（包括参量状态的改变）

C. 在执行了有穷步的运算后终止（有穷性）

D. 每一步运算有确切的定义（确定性）

4. 下列不属于计算机软件的组件是_____。

A. 程序　　　　　　B. 数据　　　　　　C. 相关的文档　　　D. 存储软件的光盘

5. 算法的表示可以有多种形式，包括_____。

A. 文字说明　　　　B. 流程图表示　　　C. 伪代码　　　　　D. 以上都是

6. _____用助记符来代替机器指令的操作码和操作数。

A. 机器语言　　　　B. 汇编语言　　　　C. 低级语言　　　　D. 高级语言

7. 下列软件中，不属于应用软件的是_____。

A. UNIX　　　　　　B. Excel　　　　　　C. Word　　　　　　D. AutoCAD

8. 一个栈的初始状态为空。现将元素 1、2、3、4、5、A、B、C、D、E 依次入栈，然后再依次出栈，则元素出栈的顺序是_____。

A. 12345ABCDE　　　　　　　　　　B. EDCBA54321

C. ABCDE12345　　　　　　　　　　D. 54321EDCBA

9. 下列叙述中正确的是_____。

A. 循环队列有队头和队尾两个指针，因此，循环队列是非线性结构

B. 在循环队列中，只需要队头指针就能反映队列中元素的动态变化情况

C. 在循环队列中，只需要队尾指针就能反映队列中元素的动态变化情况

D. 循环队列中元素的个数是由队头指针和队尾指针共同决定

10. 下列叙述中正确的是_____。

A. 顺序存储结构的存储一定是连续的，链式存储结构的存储空间不一定是连续的

B. 顺序存储结构只针对线性结构，链式存储结构只针对非线性结构

C. 顺序存储结构能存储有序表，链式存储结构不能存储有序表

D. 链式存储结构比顺序存储结构节省存储空间

11. 某二叉树有 5 个度为 2 的结点，则该二叉树中的叶子结点数是_____。

A. 10　　　　　　　B. 8　　　　　　　　C. 6　　　　　　　　D. 4

12. 下列排序方法中，最坏情况下比较次数最少的是_____。

A. 冒泡排序　　　　　　　　　　　　B. 简单选择排序

C. 直接插入排序　　　　　　　　　　D. 堆排序

13. 算法的空间复杂度是指_____。

A. 算法在执行过程中所需要的计算机存储空间

B. 算法所处理的数据量

C. 算法程序中的语句或指令条数

D. 算法在执行过程中所需要的临时工作单元数

14. 算法的有穷性是指_____。

A. 算法程序的运行时间是有限的

B. 算法程序所处理的数据量是有限的

C. 算法程序的长度是有限的

D. 算法只能被有限的用户使用

15. 一棵二叉树共有 25 个结点,其中 5 个是叶子结点,则度为 1 的结点数为_____。

A. 16   B. 10   C. 6   D. 4

16. 某二叉树的后序遍历序列与中序遍历序列相同,均为 ABCDEF,则按层次输出(同一层从左到右)的序列为_____。

A. FEDCBA   B. CBAFED   C. DEFCBA   D. ABCDEF

17. 下列排序法中,每经过一次元素的交换会产生新的逆序的是_____。

A. 快速排序   B. 冒泡排序   C. 简单插入排序   D. 简单选择排序

18. 某完全二叉树按层次输出(同一层从左到右)的序列为 ABCDEFGH。该完全二叉树的中序序列为_____。

A. HDBEAFCG   B. HDEBFGCA

C. ABDHECFG   D. ABCDEFGH

二、填空题

1. 程序设计语言按其级别可以划分为_____、汇编语言和高级语言三大类。

2. C 语言属于程序设计语言中的_____。

3. 常常以_____和空间复杂度来评价算法的优劣。

4. 算法和_____是程序设计的两个重要的概念。

5. 结构化程序的三种基本结构是_____、选择和_____。

三、判断题

1. 操作系统是计算机系统中最重要的应用软件。   ( )

2. 汇编语言用助记符来代替机器指令的操作码和操作数,因此汇编语言是高级语言。

( )

3. 通常的操作系统如 Windows 10、Windows XP 等,都具有一定的网络通信和网络服务功能,所以都可以安装在服务器上用作网络操作系统。   ( )

4. 用计算机机器语言编写的程序可以由计算机直接执行,用高级语言编写的程序必须经过编译或解释才能执行。   ( )

5. Word、Excel、AutoCAD 等软件都属于应用软件。   ( )

四、简答题

1. 什么是计算机软件?计算机软件有哪些主要特性?

2. 计算机软件的分类。

3. 结合上机实践和手机应用,说一说您使用的操作系统的类型和特点。

4. 什么是程序、算法、数据结构?

5. 软件生命周期包含哪些阶段?

【微信扫码】

相关资源 & 习题解答

第4章 计算机网络

计算机网络是计算机技术与通信技术紧密结合的产物,网络技术对信息产业的发展产生了深远的影响,并且发挥了越来越大的作用。本章在介绍网络形成与发展历史的基础上,对网络定义分类与基本原理进行了系统地讨论,并对因特网及其应用、网络安全以及计算机网络在医药行业的应用进行讨论。

4.1 计算机网络与通信技术基础

4.1.1 计算机网络与通信的基本概念

计算机网络(computer network)是利用通信设备、通信线路并结合网络软件将地理位置分散、功能独立的多个计算机相互连接,以实现网络中信息传递和资源共享的一个系统。通过计算机网络,我们可以实现数据通信、资源共享、分布式信息处理,还可以提高计算机系统的可靠性和可用性。

组成计算机网络终端设备可以是各类计算机或其他智能设备。为了实现信息传输,需要有相应的通信传输介质,如双绞线、光缆、无线电波等;为了保证通信的可靠传输,还需要有通信控制设备,如网卡、路由器、交换机等等。然而,要实现计算机的网络服务除了必须有上述的硬件之外,软件也必不可少。计算机网络中的软件主要分为两大类:

（1）网络通信协议

通信协议是计算机网络中各部分之间必须共同遵守的规则集合。它定义了各设备、各种应用之间信息交换的格式和顺序。相互通信的两个计算机系统必须高度配合以进行协作,而这些配合和协作是相当复杂的。通信协议是计算机网络体系结构中最重要的的部分。常用的通信协议主要有 TCP/IP、HTTP、FTP、SMTP、POP3 等。

（2）网络操作系统和网络应用软件

计算机若想真正连上网络并享受相应的服务,其操作系统必须支持网络通信协议并具有相应网络通信功能。因此,几乎所有的操作系统都含有网络通信模块。针对不同的网络服务和应用需求,终端设备上也必须安装和运行网络应用软件,例如电子邮件程序、浏览器程序等。

计算机网络由于其强大的通信能力,因此可以看作是计算机系统以及通信系统的结合与延伸。生活中,我们可以将各种信息的传输都理解成是"通信"(communication),而现代通信技术中利用电波或光波来传输信息的方式,也称为"电信"(telecommunication),例如,电报、电话、传真等。

4.1.2 计算机网络的发展

计算机网络是20世纪60年代美苏冷战的产物。传统的电路交换的电信网有一个缺点:正在通信的电路中如果一旦某个交换机或某条链路被炸毁,则整个通信电路就要中断;而若要改用其他迂回电路,必须重新拨号建立连接,这就要延误一定的时间。显然,时间与信息的延误在战争中是非常不利的。因此,在20世纪60年代,美国国防部领导的远景研究规划局(Advanced Research Project Agency, ARPA)提出要研究一种生存性更强的网络。要求这种新型网络必须具有以下几个基本特点。

(1) 网络应该用于计算机之间的数据传送,而不是服务于电话业务。

(2) 网络应该能够连接不同类型的计算机,具有较强的通用性。

(3) 所有网络结点的地位和重要性均相同,可以大大提高整个网络的生存性。

(4) 计算机在进行通信时,必须有额外"冗余"的路由,以备不时之需。

(5) 网络的结构应在尽量简化的同时还能可靠地传送数据。

由于计算机网络数据具有突发性,如果使用传统电话系统中的电路交换传送计算机数据,效率较低,会导致整个通信线路的利用率很低。因此,ARPANET(Advanced Research Project Agency Network)在其构造与实现中引入了分组交换技术。分组交换网由若干个结点交换机和连接这些交换机的链路组成。在分组交换网中,主机是用于为用户进行信息处理的设备,交换机则是用于进行分组交换传输的设备。各交换机之间需要经常交换各自的路由信息,从而完善和更新已有的路由信息,为转发分组进行路由选择。因此,分组交换技术的优点可以总结为以下几点。

(1) 高效,动态分配传输带宽,对通信链路是逐段占用的。

(2) 灵活,以分组为发送单位和查找路由。

(3) 迅速,不必先建立连接就能向其他主机发送分组,充分利用链路的带宽。

(4) 可靠,完善的网络协议,自适应和路由选择协议使网络有很好的分组。

ARPANET的成功使计算机网络的概念发生根本变化,从以主机为中心到以网络为中心,主机都处在网络的外围,用户通过分组交换网可共享连接在网络上各种资源。ARPANET是计算机网络发展的一个重要的里程碑,它对计算机网络技术发展的主要贡献表现在以下几个方面。

(1) 完成了计算机网络定义、分类与子课题研究内容的描述。

(2) 提出了资源子网、通信子网的两级网络结构的概念。

(3) 研究了报文分组的数据交换方法。

(4) 采用了层次结构的网络体系结构模型与协议体系。

(5) 促进了TCP/IP协议的发展。

(6) 为Internet的形成和发展奠定了基础。

ARPANET研究成果对世界计算机网络的发展有深远的意义。

4.1.3 通信技术基础原理

通信即信息传递,若要完成信息传递的任务,一个通信系统至少需要有三个必备要素,包括:信息的发送者(信源)与接收者(信宿)、携带了信息的信号以及信息的传输通道(信道)。对应的通信模型如图 4.1 所示。以传统的电话通信为例,电话拨号者(及其使用的电话机)和电话的通话目标(也包括其使用的电话机)相当于信源和信宿,拨号者的语音信息经电话机转换为相应电流信号,该信号在电话线路中传输并经过一些通信控制设备,如交换机、中继器等最终到达通话目标的电话机中,因此电话线和通信控制设备构成了传输信号的信道。

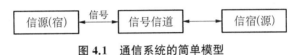

图 4.1 通信系统的简单模型

用于通信的电(或光)信号有两种形式:模拟信号或数字信号。模拟信号是传输连续变化的物理量(又称模拟信息)的信号形式,比如强弱不同的电流或者高低起伏的电压变化。举个实际的例子,人们的声音经过麦克风转换得到的电信号就是模拟信号,因为麦克风内部的装置将声音转换为了强弱不同的电流。数字信号是通过有限个不同的状态形式来传输信号(对应的信息称为数字信息),例如电报机和计算机发出的信号都是数字信号。

由于模拟信号在传输过程中受噪声干扰后难以恢复和还原,因此其传输效果并不理想,尤其是在远距离传输中。因此,越来越多设备与应用采用了数字信号传输,这种通信传输技术又称为数字通信。数字通信相对于模拟通信,具有极强的抗干扰能力,对信息传输的差错可控制,安全可靠性高。并且,由于数字信号对应的是数字信息,因而可以直接由计算机进行各种信息化处理。

数字通信是计算机网络的基础,在计算机内的各部件之间、计算机与各种外部设备之间,以及计算机与计算机之间,都是以数字信号的方式来进行信息传输的通信方式。

数字通信有两种基本方式。

(1)并行通信方式。并行通信,即信道内可以同时传输多个数据位。信源将若干个数据位通过对应的数据线传输给信宿。信宿在接收信息时可同时接收这些数据位。并行方式主要用于近距离通信,例如,将主机中的数据传输到打印机中,就是并行通信方式。

(2)串行通信方式。串行通信,即数据是单个在信道中传输的。直观感受,串行的传输速度不如并行传输,但实际应用中,却由于具体技术细节,导致串行传输的方式并非要比并行传输慢,甚至反而还快得多。

按串行数据通信的方向不同,分为三种方式:单工、半双工和全双工。

① 单工数据传输只支持数据在一个方向上传输。

② 半双工数据传输允许数据在两个方向上传输,但是在某一时刻只允许数据在一个方向上传输,它实际上是一种可切换传输方向的单工通信。

③全双工数据通信允许数据同时在两个方向上传输,即设备既可以是信源也可以信宿,也可以同时具备两种不同的身份进行信息传输。

1. 调制与解调技术

在前面的介绍中,我们已经提到,模拟信号并不适合远距离传输,但数字想要实现远距离传输也要借助于特殊的信号,即载波。所谓"载波",即是一种高频振荡的正弦波形信号。由于高频振荡的正弦信号可以比低频信号传输的距离远的多,因此,我们可以将"载波"信号作为携带信息的"载体"来传输信息。

那如何"装载"信息呢?答案是"调制"。调制,即利用信源信号去调整(改变)载波的某个参数(幅度、频率或相位)。经过调制后的载波可以携带着被传输的信息在信道中进行长距离传输,到达目的地时,接收方再把收到的信号还原恢复为原始信号,此过程称为"解调"。

载波信号调制的方法有三种:幅度调制、频率调制以及相位调制。图4.2是三种不同调制方法的示意图。数字信号中分别把这三种调制方式称为幅移键控(ASK)、频移键控(FSK)以及相移键控(PSK)。

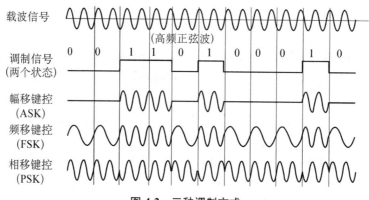

图 4.2　三种调制方式

对载波信号进行调制所使用的设备称为"调制器",接收方为了还原原始信号所使用的对调制的逆操作的设备称为"解调器"。由于大多数情况下通信总是双向进行的,所以调制器与解调器往往集成在一起,这样的设备称为"调制解调器"(MODEM)(图4.3)。

图 4.3　使用调制解调器进行远距离通信

无论何种通信方式或何种应用需求,只要是远距离传输就需要采用调制解调技术。

2. 多路复用技术

由于线路的铺设和维护费用在整个通信成本中占据了相当大的份额,而且一条传输线路的传输能力并未被充分利用。因此,为了提高整个线路的利用率同时降低通信成本,可以通过某种技术让多个信号同时共用一条线路来完成传输任务,即多路复用技术。

多路复用技术通常可以分为两类。第一类是通过时间片划分的方式进行信道共享的技术,称为"时分多路复用"(TDM)技术。TDM的技术原理是让各终端设备(计算机)以事先规定好的顺序和时间段轮流使用同一根线路进行信息传输。除了收发双方按照严格的同步的顺序进行数据的发送与接收外,也可以使用异步的方式进行信息的传输,只要被传输的信息中附加上接收方的"地址"即可。另一类多路复用技术是将信道从频率的角度将信道划分为不同的子信道,此类技术称为"频分多路复用技术"(FDM)。FDM 技术的原理是将每个终端发送的信号调制在不同频率的载波上,通过多路复用器将它们整合成为一个信号,然后在线路上传输。抵达接收端后,再借助分路器将不同频率的载波进行分离并输送到不同的数据接收端,这样即可实现同一线路的复用。

还有一种将不同波长的光调制信号在同一光信道上传输方式,称为"波分多路复用"(WDM),它是一种特殊的频分多路复用技术,是频分多路复用技术在光波中的应用。移动通信中,第 1 代模拟蜂窝系统采用频分多路复用技术(FDMA),第二代 GSM 系统主要采用时分多路复用技术(TDMA),第 3 代移动通信使用的是码分多路寻址(CDMA,简称"码分多址")技术,第 4 代移动通信主要采用多载波正交频分复用调制技术(OFDM)。

总之,采用多路复用技术后,信道内不仅可以同时传输成千上万路不同的信号,还可以大大降低通信成本。不同的多路复用技术也可以同时使用从而进一步提升线路的利用率。

3. 数据交换技术

数据经编码后在通信线路上进行传输,按数据传送技术划分,可分为电路交换技术、报文交换技术和分组交换技术。

(1) 电路交换

电路交换(circuit switching)就是在通信的过程中实际的物理线路始终被通信双方占据的通信形式。用户想要交换数据必须先建立连接,连接建立后用户便可自始至终占用从发送端到接收端的固定传输带宽。

电路交换技术有两大优点:一是传输延迟小,唯一的延迟是物理信号的传播延迟;二是一旦线路建立,便不会发生冲突。第一个优点得益于一旦建立物理连接,便不再需要交换开销,第二个优点来自独享物理线路。

电路交换的缺点是建立物理连接所需的时间比较长。在数据开始传输之前,信息发送方必须经过若干个交换机,得到各交换机的认可,并最终传到信息接收方。这个过程常常需要数秒甚至更长的时间。而这对于许多应用(如商店信用卡确认)来说,过长的电路建立时间是不合适的。

在电路交换系统中,物理线路的带宽是预先分配好的。对于已经预先分配好的线路,即使通信双方都没有数据要交换,线路带宽也不能为其他用户所使用,从而造成带宽的浪费。当然这种浪费也有好处,对于占用信道的用户来说,其可靠性和实时响应能力都得到了保证。

(2) 报文交换

报文交换(message switching)又称为包交换。报文交换无须事先建立物理电路,当发送方有数据要发送时,它将把要发送的数据作为一个整体,完整的交给中间交换设备;中间交换设备先将报文存储起来,然后选择一条合适且当前空闲的端口将数据转发给下一个交换设备,如此循环往复直至将数据发送到目的端。

在报文交换中,一般不限制报文的大小,这就要求各个中间结点必须准备额外的空间来存储较大的数据块。同时,如果数据块过大,就可能会长时间占用线路,导致报文在中间结点的延迟非常大(存储数据库以及转发数据块都会额外耗费时间),这使得报文交换不适合交互式数据通信。为了解决上述问题又引入了分组交换技术。

（3）分组交换

分组交换(packet switching)技术是报文交换技术的演变与改进。在分组交换网中，用户的数据被划分成一个个分组(packet)，而且分组的大小有严格的上限，这使得分组可以被缓存在交换设备的内存而不是磁盘中。同时，由于分组交换网不允许任何用户长时间独占某传输线路，因而它非常适合于交互式通信。分组交换格式如图 4.4 所示。

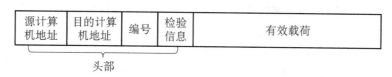

图 4.4　分组交换的数据格式

4.1.4　网络传输介质

网络传输介质是网络中发送方与接收方之间的物理通路，它对网络的数据通信具有一定的影响。传输介质根据是否具有物理实体，分为有线传输和无线传输两种。有线传输介质通常包括双绞线、同轴电缆、光纤，无线传输介质通常指自由空间中的无线电磁波信号。

（1）双绞线

双绞线(twisted pair)是当前应用最广、成本较低的一种传输介质，因为由两条相互绝缘的铜导线相绞在一起组成，所以称为双绞线。若干对双绞线捆绑在一起并包上保护套就构成双绞线电缆。双绞线电缆由于其高度的传输性价比，被广泛应用于电话通信线路以及本地局域网的构建中。双绞线在短距离中传输质量较好，但传输距离比较远时就必须使用中继器以放大和恢复信号。从传输信号的形式上来看，双绞线既能传输模拟信号，又能传输数字信号。需要注意的是，用双绞线传输数字信号时，其数据传输率与电缆的长短有关。距离短时，数据传输率可能高一些。

双绞线电缆的最大缺点是易受电磁噪音干扰，且不支持非常高速的数据传输。

（2）同轴电缆

同轴电缆(coaxial cable)也是一种常用的传输介质。同轴电缆中的制作材料均是具有同一个轴心，因此称为同轴电缆。同轴电缆的外层材料是一个由金属丝编织而成的圆形空管(屏蔽导体)，内层材料是圆形的铜芯线，内外材料之间还有一层绝缘材料，如图 4.5 所示。

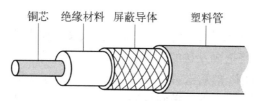

图 4.5　同轴电缆

同轴电缆的传输效果良好，而且其费用又介于双绞线与光纤之间，在光纤通信没有大量应用之前，同轴电缆在广播电视信号传输系统中一直占主导地位。随着光纤技术的发展，光纤在一些网络与传输系统的主干线路中几乎已取代其他传输介质。

（3）光纤

随着光通信技术的飞速发展，人们已经开始普遍利用光导纤维来传输数据，光纤则是光导纤维的简称。用光脉冲的"明"状态表示 1，"暗"状态表示 0。

光纤是圆柱形结构，如图 4.6 所示，它分为纤芯和包层两部分，纤芯直径约 $5\sim75\ \mu m$，是一种细石英玻璃丝；包层的直径约为 $100\sim150\ \mu m$，最外层还包有一层塑料外套，对纤芯起保护作用。

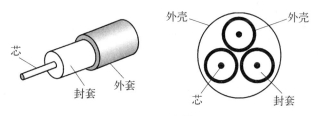

图 4.6　光纤

光纤一般有单模光纤和多模光纤两种。单模光纤较为昂贵，并需要使用激光作为光源，但其可传输距离非常远，数据传输率也极高。目前在实际中用到的光纤系统能以 2.4 Gbps 的速率传输 100 km，还不需要中继设备。若在实验室里，则可以获得更高的数据传输率。多模光纤相对单模来说传播距离要短一些，数据传输率也要低于单模光纤，但多模光纤价格便宜，并且可以用发光二极管作为光源，因此多模光纤的整体成本较低。单模光纤与多模光纤的比较如表 4.1 所示。

表 4.1　单模光纤和多模光纤对比

项目	单模光纤	多模光纤
距离	长	短
数据传输率	高	低
光源	激光	发光二极管
信号衰减大小	小	大
端接	较难	较易
造价	高	低

光纤通信的优点是频带宽、传输容量大、重量轻、尺寸小，并且抗干扰能力强，安全可靠性高，因此，光纤传输迅速成为当前通信系统中基础应用。

（4）无线电波

信息时代的人们对信息的需求是多样的。很多人需要随时保持在线连接，他们需要利用笔记本计算机、掌上型计算机随时随地获取信息，对于用户的这些需求，双绞线、同轴电缆和光纤都无法满足，而无线介质可以解决这个问题。

无线电波的传播特性与频率有关。在低频上，无线电波可以绕过一般障碍物，但其信号会随着传播距离增加而急剧衰减。高频电波趋于直线传播但易受障碍物的阻挡，还会被地表或雨水吸收。对于所有频率的无线电波来说，它对都很容易受到其他电子设备的各种电磁干扰。

(5) 微波

微波是指频率为 300 MHz 至 300 GHz 的电磁波,是无线电波中一个有限频带的简称,即波长在 1 m(不含 1 m)到 1 mm 之间的电磁波,是分米波、厘米波、毫米波和亚毫米波的统称。微波频率比一般的无线电波频率高,通常也称为"超高频电磁波"。

虽然微波通信在传输质量上比较稳定,但微波是直线传播,无法避绕建筑物、山陵等障碍,且容易被地表吸收。因此微波通信中需要搭建中继站来实现远距离通信。微波通信的缺点是保密性不如电缆和光缆好,对于保密性要求比较高的应用场合需要另外采取安全措施。目前微波通信目前已被大量应用于计算机通信与移动通信中。

4.1.5 通信技术在医学领域的应用

通信技术在医药卫生领域的应用,给医药行业带来革命性的变化。数字化医疗、信息化医疗等名词被炒得热火朝天,这使计算机网络化通信技术在医药卫生领域中的作用也显得越来越重要。根据客户端是采用一般计算机还是手持移动设备,通信技术的应用主要分为有线通信技术应用和无线通信技术应用。

由于有线通信受地理、响应时间等因素的限制,在医药卫生领域中,有线通信技术主要用于机对机通信要求紧密耦合的场合,智能型网络及外部设备将采用电缆作为接口,对安全性、可靠性及灵活性有严格要求。带宽要求较高的基础设施及网络包括医院电话、电视、整个医院的局域网、服务器等。

相对于有线通信,无线通信技术则显得非常活跃。

(1) 跟踪治疗

病人跟踪治疗管理信息系统采用多种途径,比如局域网或因特网、扫描仪、摄像头等录入患者的各种健康资料,应用临床路径知识库进行保存、编辑和修改更新,形成完整的个体电子档案。当患者再次就诊或体检时,其资料又可以续存入档,所有资料都通过网络进行查询。不管病人在什么地方,都可以通过自己的手机,随时随地把各种设备(如智能手环)连接到网络上,上传各种数据(如体重、血压、心率等),接收自己个性化的治疗方案,发出健康预警,给出治疗建议,了解自己的治疗进程。医生可以通过跟踪治疗系统,了解病人的各种信息,对病人做出正确的诊疗。

(2) 移动观察

把移动通信系统与救护车联系在一起,使紧急医疗援助服务中心能够不间断地收到救护车上安装的设备记录下来的数据,随时观察病人在运送过程中的状态,实时地了解通过救护车运往紧急医疗机构的病人的运送条件和病情变化。

(3) 远程医疗

远程医疗是指以计算机技术、遥感、遥测、遥控技术为依托,充分发挥大医院或专科医疗中心的医疗技术和医疗设备优势,对医疗条件较差的边远地区、海岛或舰船上的伤病员进行远距离诊断、治疗和咨询。远程医疗旨在提高诊断与医疗水平、降低医疗开支、满足广大人民群众保健需求的一项全新的医疗服务。目前,远程医疗技术已经从最初的电视监护、电话远程诊断发展到利用高速网络进行数字、图像、语音的综合传输,并且实现了实时的语音和高清晰图像的交流,为现代医学的应用提供了更广阔的发展空间。国外在这一领域的发展已有 40 多年的历史,而我国只在最近几年才得到重视和发展,目前,我们国家用远程医疗系统主要实现家庭医疗保健、偏远地区的紧急医疗、医院之间共享病历和诊断资料、远程教育等。

（4）患者数据管理

医院在住院病房铺设无线局域网。住院处的每个临床医生使用配置笔记本无线网卡的手持式平板电脑，在其巡视病房时直接通过手写笔，将患者每天的病情资料、诊疗意见及药剂配方输入到医院的医疗管理系统中。与此同时，护士在护士站根据医生输入的巡视结果，为患者及时地调整护理方案；药剂师根据医生当天修改的患者用药情况来配药；财务人员则可及时地统计患者住院费用。整个运作过程摒弃了原来传统的临床纸质病例卡，避免了因纸质病历在医生、护士、药剂师及财务部门之间传递过程中发生的由于字迹不清、误读等造成的医疗事故。针对特殊疑难患者，临床医生可以通过手持式平板电脑在无线局域网覆盖范围内的任何地方及时查阅相关资料，避免了为查询资料医生往来于办公室和病房的麻烦。将手持式平板电脑用于电子处方及诊断结果报告，增加了现场医疗服务新的空间。手持式平板电脑的应用可以消除许多基于纸的过程，如处方抄写、提交和跟踪试验单、报告诊断结果以及书写患者用药注意事项等。

（5）药物跟踪

制药商、经销商和零售商将 RFID 标签贴到药瓶上，然后通过配送渠道发送到目的地。使用 RFID 跟踪单个药瓶、改进库存管理、防止零售商缺货以及当药品需要召回时跟踪药品。另外，在医药品行业中，RFID 标签将有助于解决与药品相关的众多问题，如召回产品、追踪产品在供应链中的流通履历以及杜绝假冒产品等。

（6）手机求救

IBM 的研究人员给手机增添了一项新功能——为心脏病高危者发送求救信息。新系统的核心是只有一块口香糖大小的无线电信号转发装置，利用蓝牙技术连接便携式心跳监测仪和手机。当使用者心跳达到"危险"水平时，这套系统能够自动拨打一个预设的手机号码，以短信息的方式发出心跳数据。

（7）病人数据收集

病人利用智能穿戴设备，通过手机与网络连接起来，实时采集病人的相关数据。

（8）医疗垃圾跟踪

利用 RFID 跟踪医疗垃圾，利用跟踪系统确定医院和运输公司的责任，防止违法倾倒医疗垃圾。

（9）短信沟通

一种依靠手机短信实现医患沟通的新型就医形式，已经在哈尔滨医科大学第一附属医院实现。中国移动手机用户将短信发送至指定号码（如 023234）后，即可获得医院回复的短信，指导患者怎样通过短信求医问药。此种数字化就医形式可以避免患者排队就诊带来的麻烦，也可为部分患者保住隐私。患者在就医的过程中，还可以通过发送短信获取该医院专家医生的详细个人资料和具体出诊时间，以确定自己要找的医生和去医院就诊的时间及地点。此业务逐渐开展后，患者还有望实现手机挂号、短信预约手术、短信完成医保手续等。届时患者通过短信在家中就可以"搞定"很多的看病程序。

近年来，我国无线医疗技术应用十分活跃，但比起欧美来还相差较远，仅仅处于起步阶段。因此，我国无线医疗、数字医疗发展的潜力巨大。

4.2　计算机网络体系结构

　　网络体系结构是网络技术中最基本的结构,要保证一个庞大而复杂的计算机网络有条不紊地工作,就必须制定一系列的通信协议。

　　在计算机网络技术发展的同时,网络体系结构与协议标准的制定开始得到大量的讨论与关注。一些大型的IT公司在开发产品的同时,也纷纷提出各种网络体系结构与网络协议,例如IBM公司的系统网络体系结构(System Network Architecture,SNA)、DEC公司的数字网络体系结构(Distributed Network Architecture,DNA)与UNIVAC公司的分布式计算机体系。这些成果为今后网络体系的形成提供很多重要的经验,很多网络体系结构在此基础上经过适当修改后至今仍在广泛使用。随后,由于不同的体系结构与协议标准不统一,严重限制了计算机网络自身的发展和应用,因此,网络体系结构与网络协议开始走向国际化、标准化的道路。

　　国际标准化组织ISO经过多年的研究,正式制定了开放系统互联(Open System Interconnection,OSI)参考模型。OSI参考模型与协议作为一项理论研究成果对推动网络体系结构理论的发展起了很大的作用。在OSI参考模型发展的同时,TCP/IP协议的四层网络体系结构也逐渐发展成熟起来。

　　早在1969年,TCP/IP协议的雏形就已经在ARPANET的实验性阶段出现。1980年前后,ARPANET的所有主机都开始采用TCP/IP协议。在OSI参考模型制定与推广过程中,TCP/IP协议由于已经成熟并开始应用,因此赢得了大量的用户和投资。TCP/IP协议的成功促进了Internet的发展,Internet的发展又反过来进一步扩大了TCP/IP协议的影响。TBM、DEC等大公司纷纷宣布支持TCP/IP协议,网络操作系统和大型数据库都支持TCP/IP协议。相比之下,符合OSI参考模型与协议标准产品迟迟没有推出,影响了OSI研究成果的市场占有率。至今,TCP/IP协议与体系结构已成为业内公认的标准。

4.2.1　两种网络体系结构

1. OSI参考模型

(1) OSI参考模型的概念

　　OSI名称中的"开放"是指只要遵循OSI标准,一个系统就可以与世界各地同样遵循该标准的其他任何系统进行通信。在OSI标准的制定过程中,采用的方法是将庞大而复杂的问题划分为若干个容易处理的小问题,即分层的思想。在OSI标准制定中,采用的是三级抽象:体系结构(architecture)、服务定义(service definition)与协议规范(protocol specifications)。

　　首先,OSI参考模型定义了开放系统的层次结构,层次之间的相互关系,以及各层所包括的服务。它是对网络内部结构最精练地概括与描述,同时也作为一个框架来协调与组织各层协议。OSI标准中的各种协议精确定义了应该发送的控制信息,以及应该通过哪种过程来解释这个控制信息。协议的规范说明具有最严格的约束。

　　其次,OSI的服务定义详细地说明了各层所提供的服务。某一层提供的服务是指该层级以下各层的一种能力,这种服务通过接口提供给更高一层。各层所提供的服务与这些服务的具体实现无关。同时,服务定义还定义了层与层之间的接口与各层使用的原语,但是并不涉及接口的具体实现方法。

但 OSI 参考模型并没有提供一个可以实现的方法，而只是形成了一些理论上的概念，用来协调进程之间通信标准的制定。在 OSI 的范围内，只有各种协议是可以被实现的，而各种产品只有和 OSI 的协议一致时才能互联。也就是说，OSI 参考模型并不是一个标准，而是一个在制定标准时所使用的概念性的框架。

（2）OSI 参考模型的结构

OSI 是分层体结构的一个实例，每一层是一个模块，用于执行某种主要功能，并具有自己的一套通信指令格式（称为协议）。用于相同层之间通信的协议称为对等协议。根据分而治之的原则，OSI 将整个通信功能化为 7 个层次，其划分层次的重要原则是：① 网中各结点都具有相同的层次。② 不同结点的同等层具有相同的功能。③ 同一结点内相邻层之间通过接口通信。④ 每层可以使用下层提供的服务，并向其上层提供服务。⑤ 不同结点的同等层通过协议来实现同等层之间的通信。

（3）OSI 参考模型各层的功能

OSI 参考模型结构包括了以下 7 层：物理层、数据链路层、网络层、传输层、会话层、表示层、应用层。OSI 参考模型结构如图 4.7 所示。

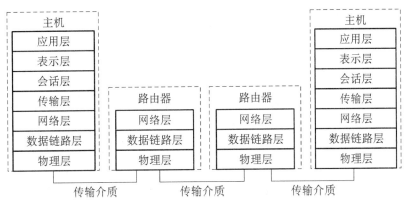

图 4.7　OSI 参考模型

虽然 OSI 参考模型概念清晰，但过于复杂，运行效率低，因此没有得到市场的认可。反而是并非国际标准的 TCP/IP 模型显著获得了最广泛的应用。

2. TCP/IP 模型

TCP/IP 模型采用了 4 层的层级结构，每一层都需要调用它的下一层所提供的服务来完成自己的需求，每一层都包含若干协议，整个 TCP/IP 一共包含了 100 多个协议。在所有协议中，TCP（传输控制协议）和 IP（网络互联协议）是其中两个最基本、最重要的协议，因此通常用 TCP/IP 来代表整个模型结构。其四层结构具体分为：

① 应用层。规定了应用程序之间如何通过互联网沟进行通信，不同的应用需要使用不同的应用层协议，如简单的电子邮件传输协议（SMTP）、文件传输协议（FTP）、网络远程访问协议（Telnet）等。

② 传输层。在此层中，规定了怎样提供结点间的数据传送服务，包括传输控制协议（TCP）、用户数据报协议（UDP）等。大部分应用程序使用 TCP 协议，它负责可靠地完成数

据从发送计算机到接收计算机的传输,如电子邮件的传送和网页的下载等;而使用 UDP 时,网络只是尽可能地传送,而不保证传输的可靠性,例如音频与视频的数据传输。

③ 网际层。负责提供基本的数据封包传送功能,规定了在整个互连的网络中所有计算机的统一编制方案与数据包格式(称为 IP 数据报),以及怎样让每一块数据包经过转发最后都能够到达目的主机。

④ 网络接口层。规定了怎样与各种不同的物理网络进行接口(如以太网、FDDI 网等),并负责把 IP 包转换成适合在特定物理网络中传输的帧格式。

图 4.8 给出了 TCP/IP 模型的结果以及与 OSI 参考模型的对应关系。

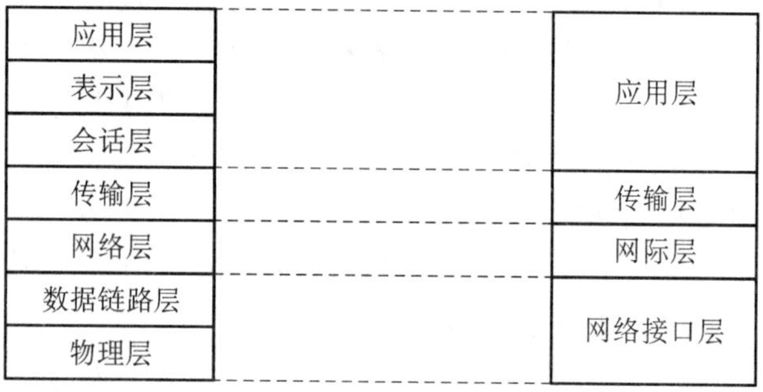

图 4.8　OSI 参考模型与 TCP 模型的对应

3. IP 协议与 IP 地址

不同的物理网络可能会使用不同的帧(包)格式与编制方案,那么 TCP/IP 协议怎样才能将他们互联成一个统一的网络呢?这就必须解决计算机的统一编址与数据格式转换等一系列问题。而承担这一任务的协议就是 IP 协议。

互联网协议(Internet Protocol,IP)是 TCP/IP 的核心,也是网络层中最重要的协议。IP 层接收由更低层(如网络接口层)发来的数据包,并把该数据包发送到更高层——TCP 或 UDP 层。相反,IP 层也可以把从 TCP 或 UDP 层接收来的数据包传送到更低层。IP 数据包中含有发送它的主机的地址(源地址)和接收它的主机的地址(目的地址)。

在 Internet 中连接了很多类型的计算机网络,接入了成千百万台计算机,即主机。为了区分它们,每一台主机都被分配一个地址作为在网络中的标识,这个地址即为 IP 地址。IP 是 Internet Protocol(国际互联网协议)的缩写。

根据第四版 IP 协议(IPv4)中的标准,目前 IP 地址是由 Internet 服务提供商(ISP)分配给 Internet 用户的。IP 地址为一个 32 位(bit)的二进制数,可分为每段 8 位(1 个字节)的 4 段,为了便于读写,常将这 4 个字节转换为 4 个十进制数来表示,之间用小数点分隔,称为点分十进制(Dotted Decimal Notation)。每个 IP 地址包括两大部分:网络号和主机号,网络号用来标识某一个逻辑网络,主机号用来标识该网络中的主机编号。IP 根据网络的不同,将 IP 地址的网络号范围分成了 5 大类:A 类、B 类、C 类、D 类和 E 类。其中 A、B、C 三类地址主要用于分配给接入 Internet 的计算机或网络设备使用;D 类地址为多点广播地址,用于信息的广播或组播;E 类地址为保留地址,留待未来需要时再进行分配。

A 类地址:最高位为 0,向右 7 位为网络号,其余 24 位为主机号。

B 类地址:最高两位为 10,向右 14 位为网络号,其余 16 位为主机号。

C类地址:最高三位为110,向右21位为网络号,其余8位为主机号。

D类地址:最高四位为1110,此类地址不被分配给任何网络,留作网络多点广播使用。

E类地址:最高五位为11110,此类地址为保留使用地址,目前暂时为分配使用。

在所有的IP地址中有一些是有特殊用途的,这些地址不被分配给任何计算机使用。如主机号全为0的IP地址称为网络地址,用来标识这个物理网络,不代表任何位于该网络中的主机;主机号全为1的IP地址称为直接广播地址,当向这一地址发送数据包时,该数据包将被发送给这一网络地址所在网络中的所有主机。

在点分十进制下,各类IP地址范围如下。

A类地址:1.0.0.0~126.255.255.255

B类地址:128.0.0.0~191.255.255.255

C类地址:192.0.0.0~223.255.255.255

D类地址:224.0.0.0~239.255.255.255

E类地址:240.0.0.0~247.255.255.255

4.2.2 网络连接设备

网络连接设备是把网络中的通信线路连接起来的各种设备的总称,这些设备包括中继器、集线器、交换机、网关和路由器等设备。图4.9为不同层次的网络连接设备。

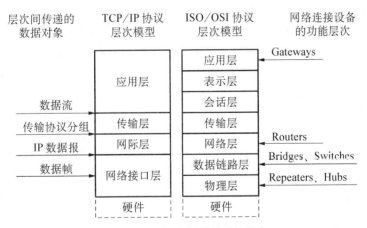

图 4.9 不同层次的网络连接设备

(1) 物理层。中继器(repeater)和集线器(hub)。用于连接物理特性相同的网段,这些网段只是位置不同而已。中继器是用来延长网络距离的互联设备。集线器实际上就是一个多端口的中继器,它有一个端口与主干网相连,并有多个端口连接一组工作站。集线器的端口没有物理和逻辑地址。

(2) 数据链路层。网桥(bridge)和交换机(switch)。网桥可以用于连接同一逻辑网络中物理层规范不同的网段,这些网段的拓扑结构和其上的数据帧格式都可以不同。交换机其实就是多端口的网桥。网桥和交换机可以识别端口上所连设备的物理地址,但不能识别逻辑地址。

(3) 网络层。路由器(router)。用于连接不同的逻辑网络。路由器是一种连接多个网络或网段的网络设备,它能将不同网络或网段之间的数据信息进行"翻译",以使它们能够相互"读"懂对方的数据,实现不同网络或网段间的互联互通,从而构成一个更大的网络。目前,路由器已成为各种骨干网络内部之间、骨干网络之间、一级骨干网和因特网之间连接的枢纽。校园网一般就是通过路由器连接到因特网上的。路由器的每一个端口都有唯一的物理地址和所连网络分配的逻辑地址。

路由器的工作方式与交换机不同,交换机利用物理地址(MAC 地址,详见本章 4.3)来确定转发数据的目的地址,而路由器则是利用网络地址(IP 地址)来确定转发数据的地址。另外,路由器具有数据处理、防火墙及网络管理等功能。

(4)应用层。网关(gateway)。用于互联网络上使用不同协议的应用程序之间的数据通信,目前尚无硬件产品。

4.2.3 计算机网络的工作模式

网络中计算机可以扮演不同的身份,根据角色身份的不同,计算机网络中有两种基本的工作模式:对等(peer-to-peer,P2P)模式以及客户/服务器(Client/Server,C/S)模式。对等模式的特点是网络中的每台计算机无固定身份角色,既可以作为客户机(也称为"网络工作站")也可以作为服务器。以前以局域网居多,可共享的资源主要是文件和打印机,由资源所在的计算机自己管理,无须专门的硬件服务器进行管理,也不需要网络管理员,使用比较简单,但一般限于小于网络,性能不高,安全性也较差,Windows 操作系统中的"网上邻居""工作组"等就是按对等模式工作的。近些年来对等工作模式已经在因特网上盛行,常用的 BT下载、QQ 通信都是对等工作模式的例子。

客户/服务器模式的特点是网络中的每台计算机都扮演着固定角色,要么是服务器要么是客户机。若想完成一项工作任务,首先由客户机向服务器提出请求,然后服务器响应该请求,并按照要求完成处理,最后将结果返回给客户机。

4.2.4 网络拓扑结构

计算机网络拓扑结构是指用点和线的形式将网络中的通信设备和通信链路所组成的结构描绘出来的结构状态。计算机网络的拓扑结构按形状通常可以分为以下几种类型:星形、总线型、环形、树形、网状形和混合形拓扑结构。

1. 星形拓扑结构

星形拓扑结构如图 4.10 所示。网络中的每个结点都由一条点到点链路连接到一个功能较强的中心结点(集线器或交换机),各个结点之间不能直接通信,而是要经由中心结点存储转发后才能实现两个结点之间的数据帧的传输。目前,在局域网系统中普遍采用星形拓扑结构。

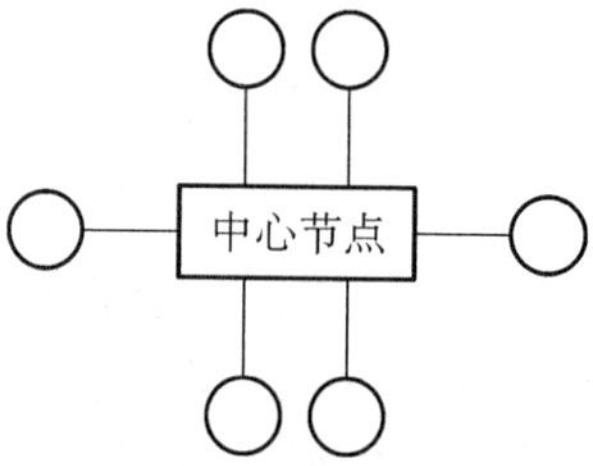

图 4.10 星形拓扑结构

星形拓扑结构的优点是:网络结构简单,日常安装、管理以及维护较为容易;采用集线器的构建方式更容易进行级联、扩展和升级。但缺点是中心结点是网络可靠性的"瓶颈",一旦出现故障,会导致全网瘫痪,除此之外,通信线路专用,需要大量的连接电缆,成本较高也是弊端。

2. 总线型拓扑结构

总线型拓扑结构如图 4.11 所示。网络上的所有结点采用一根共用的链路(总线)作为传输信道,所有结点通过相应的接口直接连接到总线上。总线型拓扑结构的网络需要采用广播式的通信方式,即一个结点发出的信息首先会在全网内传播,网络中的每个结点接收到信息后,先分析该信息中的目的地址是否与本机地址相同,如果相同就接收,否则忽略。由于所有结点共享同一条公共通道,所以在任何时候只允许一个结点发送数据。

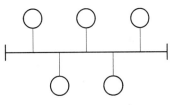

图 4.11 总线型拓扑结构

总线型拓扑结构的优点是:一般采用同轴电缆连接,无须中继设备,费用成本较低;网络结构简单灵活,可扩充性较好,安装使用方便;网络内的结点地位平等,某一结点的故障不会影响整个网络的运行,可靠性高。其缺点是:采用广播式通信,网络效率和带宽利用率不高;总线一旦断裂会导致整个网络瘫痪。

3. 环形拓扑结构

环形拓扑结构如图 4.12 所示。网络上的所有结点通过环结点连在一个首尾相接的闭合的环形通信线路中,称为环形拓扑结构。环形拓扑结构有两种类型,单环结构和双环结构。令牌环网(token ring)采用单环结构,而光纤分布式数据接口(Fiber Distributed Data Interconnect,FDDI)是双环结构的典型代表。

环形拓扑结构的优点是:各个工作站之间没有主从关系,结构简单;信息流在网络中沿环单向传递,延迟固定,实时性较好;两个结点之间仅有唯一的路径,简化了路径选择。其缺点是:可靠性差,任何线路或结点的故障都有可能引起全网故障,且故障检测困难;可扩充性较差。

4. 树形拓扑结构

树形拓扑结构如图 4.13 所示。树形拓扑结构是总线型和星形结构的扩展。在树形拓扑结构中,顶端由一个根结点,它带有分支,每个分支还可以有子分支,其几何形状像是一棵倒置的树,故得名树形拓扑结构。

树形拓扑结构的优点是:天然的分级结构,各结点按一定的层次连接;易于扩展;易进行故障隔离,可靠性高。其缺点是:对根结点的依赖性大,一旦根结点出现故障,将导致全网瘫痪。

5. 网状拓扑结构

网状拓扑结构如图 4.14 所示。在网状结构中,网络结点与通信线路互联成不规则的形状,结点之间没有固定的连接形式,一般每个结点至少与其他两个结点相连。目前一般在大型网络中采用这种结构。

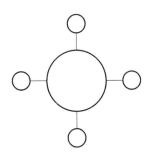

图 4.12 环形拓扑结构

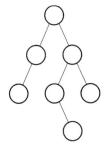

图 4.13 树形拓扑结构

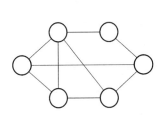

图 4.14 网状拓扑结构

网状结构的优点是:每个结点都有冗余链路,可靠性高;可选择最佳路径,减少时延,改善流量分配,提高网络性能。其缺点是:结构复杂,必须采用路由选择和流量控制方法;线路成本较高。

6. 混合型拓扑结构

混合型拓扑结构是由以上几种拓扑结构混合而成的,如星形总线形拓扑结构是由星形拓扑结构和总线型拓扑结构混合而成的,还有环星状拓扑结构等。

4.3　计算机网络分类与局域网

4.3.1　计算机网络分类

计算机网络可以从不同的角度进行分类,根据不同的应用需求,常用的分类包含以下两种角度。

1. 按网络传输技术进行分类

网络采用的传输技术决定了网络的数据传输特点,因此根据所采用的传输技术对网络进行分类是一种重要的分类方法。

在通信技术中,通信信道分为广播式通信信道和点对点通信信道。在广播通信信道中,多个结点共享一个通信信道,一个结点为广播信息,其他结点必须接收信息。在点对点通信信道中,一条通信线路只能连接一对结点,如果两个结点之间没有直接连接的线路,则它们只能通过中间结点转接。因此,网络要通过不同的通信信道来传输数据,它们所采用的传输技术也只可能有两类:广播方式通信与点对点方式通信,对应的计算机网络也仅分为两类:广播式网络(broadcast networks)与点对点式网络(point-to-point networks)。

(1) 广播式网络

在广播式网络中,所有联网计算机都共享一个公共通信信道。当一台计算机利用共享通信信道发送报文分组时,所有计算机都会"收听"到这个分组。由于分组中带有目的地址与源地址,接收到该分组的计算机将检查目的地址是否与本结点相同。如果被接收报文分组的目的地址与本结点地址相同,则接收该分组,否则丢弃该分组。显然,在广播式网络中,分组的目的地址可以有三类:单一结点地址、多结点地址和广播地址。

(2) 点对点网络

在点对点式网络中,每条物理线路连接一对计算机。如果两台计算机之间没有直接连接的线路,则它们之间的分组传输需要通过中间结点的接收、存储与转发,直至目的结点。由于连接多台计算机之间的线路结构可能很复杂,因此从源结点到目的结点可能存在多条路由。决定分组从源结点到目的结点的路由需要路由选择算法。采用分组存储转发与路由选择机制是点对点式网络与广播式网络的重要区别之一。

2. 按网络覆盖范围进行分类

按照其覆盖的地理范围对计算机网络进行分类,能够很好地反映不同类型网络的技术特征。由于网络覆盖的地理范围不同,它们所采用的传输技术也就不同,因此形成不同的网络技术特点与网络服务功能。

按覆盖的地理范围划分,计算机网络可以分为:

(1)局域网

局域网(Local Area Network,LAN)用于将有限范围内(例如一个实验室、大楼或校园)的各种计算机、终端与外部设备互联成网。按照采用的技术、应用范围和协议标准的不同,局域网可以分为共享局域网与交换局域网。局域网技术发展非常迅速并且应用日益广泛,是计算机最为活跃的领域之一。

(2)城域网

城市地区网络常简称为城域网(Metropolitan Area Network,MAN)。城域网是介于广域网与局域网之间的一种高速网络。城域网设计目标是满足几十公里范围内的大量企业、机关、公司的多个局域网的互联需求,以实现大量用户之间的数据、语音、图形与视频等多种信息传输。

(3)广域网

广域网(Wide Area Network,WAN)又称为远程网,所覆盖的地理范围从几十公里到几千公里。广域网覆盖一个国家、地区或横跨几个洲,形成国际性的远程计算机网络。广域网的通信子网可以利用公用分组交换网、卫星通信网和无线分组交换网,它将分布在不同地区的计算机系统互联起来,以达到资源共享的目的。

4.3.2　局域网

局域网(Local Area Network,LAN)是指在几十米到几千米范围内的计算机相互连接所构成的计算机网络。一个局域网可以容纳几台至几千台计算机。目前,计算机局域网被广泛应用于校园、工厂及企事业单位的个人计算机或工作站的组网方面。

由于局域络覆盖的范围小,因此可以实现数据传输率高(可达 10 000 Mbps)、传输延时小、误码率低、价格便宜等优势和特点,一般是为某一单位或组织所拥有。

局域网是一个开放的信息平台,可以随时集成新的应用。为了给企业提供转向局域网的全面的解决方案,局域网将会逐渐集成包括客户程序、防火墙、开发升级工具等在内的一系列实用程序与服务工具。

1. 局域网的基本原理

计算机局域网的逻辑组成如图 4.15 所示,它包括网络工作站(PC 机、平板电脑、智能手机等)、网络服务器、网络打印机、网络接口卡、传输介质(双绞线、光缆、无线电波等)、网络互联设备(集线器、交换机等)等。

网络上的每一台设备,包括网络工作站、服务器以及打印机等,它们都有自己的物理地址,以便相互区别,实现计算机之间的通信。

局域网中的任一设备想要进行通信服务都必须通过网络接口卡(简称网卡),每块网卡都有一个全球唯一的地址来区分不同的计算机,该地址称为 MAC

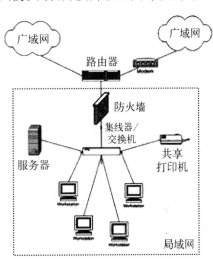

图 4.15　局域网的逻辑组

地址(或称物理地址,是网卡出厂时由厂家固化在网卡上的)。发送信息时,发送方要把收发双方的 MAC 地址都包含在发送的数据中。接收方通过对比目标 MAC 地址和自己的 MAC 地址,来确定自己是否接收该数据。

局域网有若干类型,不同类型的局域网其 MAC 地址的规定和数据帧的格式不尽相同,因此接入不同类型的网络需要不同类型的网卡。目前最常用的网卡是以太网卡。

局域网采用分组交换技术,为了使网络上的计算机都能得到迅速而公平的数据传输机会,局域网要求每台计算机把传输的数据分成小块(称为"帧",frame),并且一次只能传输 1 帧,而不允许任何计算机连续传输任意多的数据,这样,来自多台计算机的不同的数据帧就以时分多路复用方式共享传输介质,显著提高传输效率。

数据帧的格式如图 4.16 所示,其中除了包含需要传输的数据(称为"有效载荷")之外,还必须包含发送该数据的源计算机 MAC 地址和接收该数据帧的目的计算机 MAC 地址。由于电子设备与传输介质很容易受到电磁干扰,所传输的数据可能会被破坏或漏失,为此帧中还需要附加一些校验信息随同数据一起进行传输,以供目的计算机在收到数据之后验证数据传输是否正确,如果发现数据有错就要以向源计算机指出,以便源计算机将这一帧数据重新发送一次。

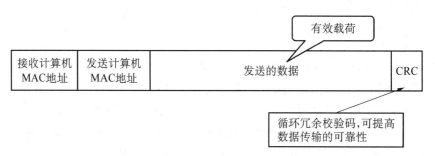

图 4.16　局域网中传输的数据帧格式

2. 常用的局域网

局域网有不同的类型,根据所使用的传输介质可以分为有线网和无线网;按照网络中各种设备互连的拓扑结构,可以分为星型网、总线网、环形网以及混合网等;按照传输介质的访问控制方法可以分为以太网(ethernet)、FDDI 网和令牌网等。目前最广泛使用的是以太网,其他如 FDDI 网和令牌网等已很少使用。

(1) 共享式以太网

共享式以太网式(也称为总线式以太网)最早使用的一种以太网,网络中所有计算机均通过以太网卡连接到一条共用的传输线上(即总线),相互之间利用总线实现通信。

而实际的共享式以太网大多以集线器为中心构成如图 4.17 所示。网络中的每台计算机通过网卡和网线连接到集线器。集线器将一个端口收到的数据帧以广播的方式向其他所有端口分发出去,并对信号进行放大,以扩大网络的传输距离,起着中继器的作用。共享式以太网通常只允许一对计算机进行通信,如若网络中计算机数目众多多且频繁通信时,网络会发生信息拥塞,从而导致性能急剧下降。因此集线器构建的共享式以太网仅适合于计算机数目较少的网络。

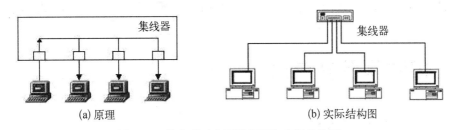

(a) 原理　　　　　　　　　　　　　　　(b) 实际结构图

图 4.17　共享式以太网的原理与实际结构图

（2）交换式以太网

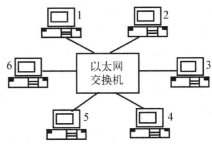

交换式以太网通过以太网交换机（ethernet switch）相互连接而成，即以交换机为中心构建。连接在交换机上的所有计算机都可相互通信，如图4.18 所示。交换机接受来自发送计算机的数据帧之后，直接根据目的计算机的 MAC 地址进行发送提交，不会向其他无关计算机发送，这样的工作方式允许多对计算机相互之间同进行通信。

图 4.18　交换式以太网结构图

（3）千（万）兆位以太网

在学校、企业等单位内部，借助以太网交换机可以将内部网络按树状层次结构的组织方式将各小型以太网相互连接起来，构成公司（单位）——部门——工作组——计算机的多层次以太网结构（常见于校园、企业等）。

上述三种以太网虽然结构方式有所不同，但均属于以太网的一种，因此，他们的数据帧和 MAC 地址格式均相同，所以网卡类型无区别。网卡按照传输速率可分为 10 M 网卡，1 000 M 网卡及 10/100 M 自适应网卡。

（4）FDDI 网络

光纤分布数据接口（Fiber Distributed Data Interface，FDDI）是目前成熟的 LAN 技术中传输速率最高的一种，是一种使用光纤作为传输介质的、高速的、通用的环形网络。其传输速率可高达 100 Mb/s，网络技术所依据的标准是 ANSIX3T9.5。

（5）无线局域网

无线局域网（WLAN）是以太网采用无线电磁波进行数据传输方式后的构建形式，工作原理与传统以太网基本相同。

无线局域网使用的无线电波主要是 2.4 GHz 和 5.8 GHz 两个频段，对人体没有伤害；其次灵活性较好，相对于有线网络，它的组建、配置和维护较为容易；使用扩频方式通信时，具有抗干扰、抗噪声、抗衰减能力，通信比较安全，不易偷听和窃取，具有高可用性。

无线局域网需要使用无线网卡、无线接入点来进行构建。无线接入点（Wireless Access Point，WAP 或 AP）提供从无线节点对有线局域网和从有线局域网对无线节点的访问，实际上就是一个无线交换机。无线局域网还不能完全脱离有线网络，它只是有线网络的补充。

无线局域网采用的协议主要是 802.11（俗称 Wi-Fi）。同样用于无线局域网的另一种协议或技术称为"蓝牙"（Bluetooth）。近距离无线数字通信的标准，是 802.11 的补充，传输距离通常为 10 cm～10 m,适合于办公室或家庭环境的无线网络(或无线个人网WPAN)。

4.4 因特网及其应用

4.4.1 Internet 的发展

因特网(Internet)的雏形源于美国国防部高级研究计划局(ARPA)主持研制的阿帕网(ARPANET)。ARPANET 于 1969 年正式启用,当时仅连接了 4 所大学的 4 台计算机,也仅供科学家们进行联网科研实验用。到 20 世纪 70 年代,ARPANET 已经涵盖了好几十个计算机网络,但每个网络仅能实现内部计算机之间互联通信,而无法实现不同网络之间的数据互通。为此,ARPA 又设立了新的研究项目,该研究的主要内容是试图用一种新的方法将不同的计算机局域网互联,形成"互联网(Internetwork)",简称"Internet"。此后,这个名词就一直沿用到现在。

Internet 经历了研究网、运行网和商业网 3 个发展阶段。Internet 正以当初人们始料不及的惊人速度向前发展,已经构成全球信息高速公路的雏形和未来信息社会的蓝图,它的意义在于它提供了一种全新的全球性的信息基础设施。

随着世界经济格局的变化与 Internet 本身的技术发展,当前 Internet 的主要发展趋势可以总结为如下几个方面。

(1) 运营产业化

当今世界处于正知识经济时代的进程中,信息产业已经发展成为世界主流国家中新的支柱产业,成为推动世界经济乃至科技高速发展的新型动力源,并且迅速扩张到各个领域。特别是近几年来国际互联网及其应用在人民日常生活中的普及与渗透,从根本上改变了人们的思想观念和生产生活方式,以 Internet 运营为产业的企业迅速崛起,并推动了各行各业的发展,成为知识经济时代的一个重要标志之一。

(2) 应用商业化

Internet 对商业应用的具有高度的开放性,并已成为一种极其重要的电子化商业传播媒介与工具,而且还作为市场销售的重要手段,一定程度上迅速成为传真、快递等他通信手段的替代品,借以与全球客户保持联系并降低日常的运营成本。

(3) 互联全球化

早期的 Internet 主要受限于在美国国内的科研机构、政府机构及其盟国范围内使用。但由于 Internet 强大开放性和分散性的特点以及自身的发展需要,Internet 世界性的发展与渗透迅速铺开,各个国家都在以最快的速度接入 Internet。

(4) 互联宽带化

目前,网络基础设施的日渐改善,用户接入方面新技术快速更新迭代,网络接入方式越来越多样化,运营商的服务项目与服务能力的飞速提升,Internet 逐步宽带化,从而促进更多的应用在网上实现,并能满足用户多方面的网络需求。

(5) 多业务综合平台化、智能化

随着信息技术的发展,Internet 将成为图像、话音和数据等的多种媒体交互业务的综合平台,并与电子商务、电子政务、电子公务、电子医务、电子教学等交叉融合,推动着信息技术产业的不断发展。

4.4.2　Internet 的层次结构

因特网的拓扑结构虽然非常复杂,并且在地理上覆盖了全球,但从其工作方式上看,可以划分为以下的两大块:

(1)边缘部分。由所有连接在因特网上的主机组成。这部分是用户直接使用的,用来进行通信和资源共享。

(2)核心部分。由大量网络和连接这些网络的路由器组成,他们是为边缘部分服务的(提供连通性信息交换)。

目前的因特网主要是基于 ISP(Internet Service Provider,因特网服务提供商)的多层结构的因特网。ISP 作为因特网信息服务的提供者拥有自己的通信线路,并且拥有从因特网管理机构申请得到的许多 IP 地址,以帮助用户接入因特网。

用户计算机若要接入因特网,必须获得 ISP 分配的 IP 地址,不同类别的用户,分配得到的 IP 地址方式也有所不同。如果是单位用户,ISP 会分配一批地址,单位在得到这些地址后拥有独立的二次分配权,即可以自由地指定自身网络中的每一台主机的子网号和主机号,使每台计算机计算机的 IP 地址可以是固定的也可以是临时的;如果是家庭用户或个人用户,由于对网络服务的使用频率和时限需求远低于单位用户,因此 ISP 一般不分配固定的 IP 地址,而是采用动态分配的方法:上网时由 ISP 的 DHCP 服务器临时分配一个 IP 地址,下网时立即收回给其他用户使用,这样在满足用户需求的同时大大提升 IP 地址的使用率。

4.4.3　域名与 DNS

由于点分十进制的 IP 地址全是十进制数值,依然不便于用户记忆和使用,因此 Internet 中引进了域名的概念并迅速被广泛接受。当用户在浏览器中键入某个域名后,该域名信息会首先到达一个可以提供域名解析和翻译的服务器上,称为域名服务器(Domain Name Server,DNS),该机器上运行的域名翻译软件称为域名系统(Domain Name System,DNS)再将此域名解析为相应网站的 IP 地址,完成这一任务的过程就称为"域名解析"。

通常每个因特网服务提供商(ISP)都有一个域名服务器,可以用于实现和解决大部分本地入网主机的域名转换需求。但若无法满足本地主机的域名转换需求时(例如出现了本地 DNS 中不知道的域名),可以通过与上级域名服务器之间建立链接,从而完成转换。

通俗易懂的理解,域名相当于网络中主机的名字,一个主机可以有多个称呼。主机域名使用层级结构,每一层对应于一个子域名,子域名之间用小数点隔开,类似于英文的地址书写规则,域名也是自左至右级别不断升高。一般子域的个数不超过 5 个,最高级别的子域名称为顶级域名。

顶级域名一般有两种类型:一种是以国家和地区的缩写或简称作为顶级域名,这一类域名是根据国家和地区标识代码为各个国家和地区分配的域名,目前有 200 多个国家和地区申请了这一类域名;另一种是国际顶级域名,这是 Internet 建立域名系统之初,按照网络服务功能不同所划分的顶级域名。常见的国际顶级域名有".com"(商业组织)、".net"(网络服务)、".edu"(教育部门)、".gov"(政府部门)、".int"(国际组织)、".org"(非营利性组织)等,随着 Internet 的不断发展,近年来又增加了".biz"(商务网站)、".mobi"(手机网站)、".info"(信息网站)等。

4.4.4 统一资源定位器

统一资源定位器(Uniform Resource Locator,URL)也称为网页地址(网址),是因特网中用于标识每一个网页资源的所在地址的统一形式。

统一资源定位器由 3 个部分构成:访问协议、主机标识及访问端口、资源路径和文件名。它的一般形式为"访问协议://主机标识[:端口号]/(路径/文件名)"。

(1)访问协议。用来指出访问该资源所需要使用的应用层协议。例如,file://表示资源是本地计算机上的文件;FTP://表示通过 FTP 访问资源;HTTP://表示通过 HTTP 访问该资源。

(2)主机标识。可以是主机域名或 IP 地址,用来指出该资源所在的主机地址。

(3)[:端口号]。用于指定访问该资源所应使用的特定端口。因为大多数应用协议都有标准访问端口,一般不需要说明,而对于某些特殊的应用或出于安全性的考虑,可以改变应用服务的端口号,因此访问时需要在 URL 中添加相应的端口号。

(4)路径/文件名。指明该网页在服务器中的存放位置,格式与 Windows 系统中的文件路径一样,通常由"目录/子目录/文件名"结构组成。与端口一样,路径并非总是需要的。

4.4.5 Internet 的接入方式

随着 Internet 的发展和普及,众多的单位和个人需要接入 Internet,目前主要由城域网来承担接入 Internet 用户的任务。城域网一方面与国家主干网络相连接,另一方面通过各个 ISP 向用户提供 Internet 接入服务。不同的 ISP 向用户提供了不同的 Internet 接入方式,用户可以通过电话线、有线电视电缆、光缆、无线电波等传输介质应用不同的通信技术接入到 Internet 中。常见的接入方式有电话拨号、ADSL、Cable Modem、光缆+局域网以及无线局域网等,随着第四代(4G)移动通信网络的建立,通过移动通信网络接入到 Internet 也将成为一种流行的接入方式。

1. PSTN 拨号

公共电话交换网(Public Switched Telephone Network,PSTN)是以电路交换技术为基础的用于传输模拟话音的网络。目前,全世界的电话数量巨大,并且还在不断增长。要将如此之多的电话连在一起并能很好地工作,唯一可行的办法就是采用分级交换方式。

电话网一般由本地回路、干线和交换机 3 个部分组成。其中干线和交换机一般采用数字传输和交换技术,而本地回路(也称用户环路)中基本上采用模拟传输。因此,当两台计算机想通过 PSTN 通信时,双方必须都需经由各自的 Modem 实现数字信号与模拟信号的转换。

但由于 PSTN 线路的传输质量较差,带宽有限,再加上 PSTN 交换机没有存储功能,因此 PSTN 只能用于对通信质量要求不高的场合。目前通过 PSTN 进行计算机通信的需求越来越少。

2. ADSL

非对称数字用户环路（Asymmetrical Digital Subscriber Line，ADSL）是一种能够通过普通电话线提供宽带数据业务的技术，也是目前极具发展前景的一种接入技术。因其下行速率高、频带宽、性能优、安装方便、不需交纳电话费等特点而深受广大用户喜爱，成为继Modem、ISDN 之后的又一种全新的高效接入方式。

ADSL 方案的最大特点是不需要改造信号传输线路，可以利用普通铜质电话线作为传输介质，配上专用的 Modem 即可实现数据高速传输。ADSL 支持上行速率 640 kbps～1 Mbps，下行速率 1～8 Mbps，其有效的传输距离在 3～5 km 范围以内。在 ADSL 接入方案中，每个用户都有单独的一条线路与 ADSL 局端相连，它的结构可以看作是星形结构，数据传输带宽是由每一个用户独享的。

3. Cable-Modem

电缆调制解调器（Cable-Modem）利用现成的有线电视（CATV）网进行数据传输，是一种比较成熟的技术。随着有线电视网的发展壮大和人们生活质量的不断提高，通过 Cable-Modem 利用有线电视网访问 Internet 已成为越来越受用户青睐的一种接入方式。

4. 光纤接入

目前，有很多种光纤接入方式，例如，光纤到办公大楼（FTTB）、光纤到路边（FTTC）、光纤到用户小区（FTTZ）、光纤到用户家庭（FTTH）等。

4.5　因特网服务

Internet 是目前世界上最大的互联网，它由大量的计算机信息资源组成，为网络用户提供了丰富的网络服务功能，这些功能主要包括 WWW 服务、电子邮件（E-mail）、文件传输（FTP）等，下面介绍几种主要的服务。

4.5.1　万维网

万维网（WWW）简称 Web 或 3W 服务，是由日内瓦的欧洲核研究中心（CERN）于 1989年提出的，经过几十年的发展，目前已经成为因特网上广泛使用的一种网络服务。WWW 服务以超文本标记语言（HTML）与超文本传输协议（HTTP）为基础，为用户提供一种简单、统一的方法以获取网络上的信息。WWW 采用分布式的客户/服务器模式，用户使用自己机器上的 WWW 浏览器软件（如 Windows 操作系统中的 IE）就能检索、查询和使用分布在世界各地 Web 服务器上的信息资源。

1. 万维网的组成与信息检索

网络中存在着大量的网站与网页（Web page）信息，而这些网页相互链接，形成一个网状的一个信息网络（空间），以便用户可以浏览、查找和下载其中的网页（信息资源），因此称为World Wide Web。

通过 Web 服务器发布的信息资源通常称为网页。网页中的起始页称为主页（homepage），用户通过访问主页就可以直接或间接的跳转至其他的页面资源。网页可以采用 HTML 超文本标记语言进行编写,其文件扩展名为.html 或.htm。网页是一种超文本文档,它支持超链(hyperlink),网页通过超链相互链接。

已发布的网页文档需要被访问时,可以通过统一资源定位器 URL 来进行定位,具体详见本章 4.4.4。用户除了需要知道网页资源的网址之外,还需要使用 Web 浏览其来访问和浏览网页文档。万维网是客户/服务器模式,客户机中的浏览器软件需要向 Web 服务器发送请求才能获得相关的网页服务。因此浏览器软件的功能与原理简述如下:当用户在浏览器的地址栏中输入网页的 URL(或点击某个超链);之后,浏览器通过 HTTP 协议将请求报文发送给 Web 服务器;Web 服务器收到请求并读出网页并将网页用响应报文传送给浏览器;浏览器将网页下载接收并将内容正确的显示给用户。

浏览器下载网页对不同的对象有不同的优先顺序。先下载和显示网页的文字部分,再下载网页中的图片和声音部分,以及其他的脚本程序(script)等。下载好的网页所有部分均存放在浏览器的缓冲存储器之中,以便再次访问该网页时使用。

网页中的声音和视频部分可以有两种下载方式:普通方式(等待全部下载完毕之后再进行播放)与流媒体方式(streaming media,边下载边播放)。如果网页中还包含的某些非HTML 成分,浏览器本身无法直接播放,则必须调用本机已安装的应用程序进行展示,或者下载特定的 plug-in(插入式应用程序)进行展示或播放。

利用万维网的检索功能可以方便地找到需要的信息资源。Web 信息检索工具通常有两种,一种是主题目录,另一种是搜索引擎。目前国内广泛使用的搜索引擎有百度、搜狗、北大天网等,国外的则以 Google、Bing 等较为出名。

2. Web 信息处理系统

Web 初期的主要功能是进行信息发布,随着人们需求的增加以及技术的发展,Web 已经从简单的信息发布平台发展成为因特网信息处理应用平台,电子商务、电子政务、数字校园等各种新型的因特网服务都是在 Web 平台上开发和运行的。总的来说,技术上的变革经历了两代。

(1)静态网页与动态网页

静态内容是指网页固定不变,任何时候访问该网页所得到的内容都一样。由于内容原封不动,因此简单、响应速度快;然而若有动态数据(如股票价格、天气情况等)需要进行实时显示的应用场合,静态网页就无法胜任。

动态网页是指网页内容是在网页请求时服务器根据当时实际的数据内容而临时生成的。因每次都是根据数据库中最新的数据实时生成网页,因此称为"动态",也因此更适合于网页中包含动态数据的应用场合。

(2)客户/服务器/数据库三层架构的处理系统

早期的静态网页由于不要根据数据重新生成新的网页,因此基于静态网页的构建 Web信息处理系统只需要客户/服务器这样两层的架构模式,而基于动态网页的 Web 信息处理系统,前者的两层架构模式已经无法满足,还需要加入数据库服务器层。因此客户/服务器/数据库的三层架构如图 4.19 所示。

其中,Web 服务器负责页面请求的受理、页面转发和页面下传,而 Web 应用服务器负责完成应用相关的各种处理,以及向第三层请求数据访问并生成用户所需的页面。

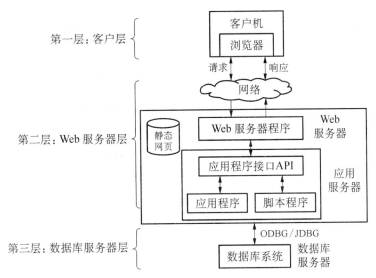

图 4.19 客户/服务器/数据库的三层架构

4.5.2 Internet 的通信服务

1. 电子邮件

电子邮件是 Internet 最早和最普遍提供的应用服务,它使用计算机网络通信来实现用户之间信息的发送与接收,以其快速、方便、廉价等特点深受广大用户的喜爱。电子邮件系统是通过在通信网上设立"电子信箱系统"来实现的,每个因特网用户通过网络申请就可以成为某个电子邮件系统的用户并在该系统中拥有自己的电子邮箱和一个电子邮件地址,即可接收、阅读、管理该邮箱中的邮件。

电子邮件是一种存储转发的应用服务,消息能够存储在邮件系统中直到接收者接收邮件。电子邮件的传输是通过电子邮件传输协议(Simple Mail Transfer Protocol,SMTP)和邮局协议(Post Office Protocol,POP3)来实现的。

2. 即时通信

即时通信(Instant Messaging,IM)就是实时通信,它是因特网提供的一种允许人们实时快速地交换消息的通信服务。与电子邮件通信方式不同,参与即时通信的双方或多方必须同时都在网上(online,也称为"在线"),它属于同步通信,而电子邮件属于异步通信方式。

即时通信的特点是高效、便捷和低成本。它允许两人或多人通过因特网实时地传递文字、语音和视频信息,传输文件,玩在线游戏等。最早使用的即时通信软件是 ICQ,之后雅虎和微软也分别推出了自己的即时通信软件 Yahoo! Messenger 和 MSN Messenger。我国一般使用腾讯公司的 QQ(含微信)、网易的 POPO、新浪的 UC、盛大的圈圈、淘宝旺旺等。

3. 文件传输

文件传输服务是指用户通过 Internet 把一台计算机中的文件移动或复制到另一台计算机上的服务,提供文件服务的工作站或计算机称为文件服务器。文件的传输服务是采用文件传输协议(File Transfer Protocol,FTP)来实现的,协议的功能是将文件从一台计算机传送到另一台计算机，而与这两台计算机所处的位置、连接的方式以及使用的操作系统无关。文件传输服务提供匿名访问和非匿名访问两种访问方式。非匿名访问方式要求用户必须输入相应的用户名和口令才能访问文件服务器；匿名访问方式是一种特殊的服务，用户以 anonymous 为用户名即可访问文件服务器，是 Internet 上进行资源共享的主要途径之一。目前，Internet 上已经有几千个匿名登录的 FTP 服务器，为网络中的用户提供文件共享服务。

4.6 网络信息安全

4.6.1 概述

随着计算机网络技术的飞速发展，计算机网络安全问题也越来越被人们重视。计算机网络安全是一门涉及计算机科学、网络技术、加密技术、信息安全技术等多种学科的综合性科学。目前，由于计算机网络应用的广泛性、开放性和互联性，很多重要信息都得不到保护，容易引起黑客、怪客、恶意软件和其他不良企图的恶意攻击。因此，目前防范网络攻击、提高网络服务质量越来越受到人们的关注和重视。

目前，计算机网络安全所面临的威胁大体上可分为两类：一是对网络中信息的威胁；二是对网络中设备的威胁。按具体攻击行为，网络威胁又可以分为传输中断、信息截取、信息篡改以及信息伪造等四大类。

其中，传输中断是指信息传输过程中由于链路因意外断开，或者文件系统被破坏等原因导致系统传输的流程中断；信息截取则是主要通过实时监控或仿造身份攻击等方式获取网络中正在传输的信息，从而威胁信息的安全；信息篡改主要是通过在信息传输过程中对数据文件本身进行截取，经过内容修改和篡改后再次传输的攻击行为；信息伪造是通过假冒和伪造合法用户的身份，在网络上传输原本不存在的信息行为。

合理设置网络安全目标对网络安全意义重大，主要表现在以下几个方面。

（1）可用性。保证数据在任何情况下不丢失，可以给授权用户读取。

（2）保密性。保密性建立在可用性基础之上，保证信息只能被授权用户读取，其他用户不可获得。

（3）完整性。要求未经授权不得修改网络信息，使数据在传输前后保持一致。

4.6.2 常用的安全保护措施

网络安全防御体系包括数字加密、数字签名、身份鉴别与访问控制、防火墙与入侵检测等安全技术。

1. 数字加密技术

数字加密技术是目前最基本的网络安全技术，是网络安全的基础。数据加密是指将一个信息（明文）通过加密密钥或加密函数变换成密文，然后再进行信息的传输或存储，而接收方将接收到的密文通过密钥或解密函数转换成明文。根据密钥的类型不同，常用的信息加密技术有对称加密算法和非对称加密算法。在对称加密算法中，数据加密和解密采用同一个密钥,目前最著名的对称加密算法是数据加密标准 DES。在非对称加密算法中,数据加密和解密采用不同的密钥,目前广泛使用的非对称加密算法是 RSA 算法。

2. 数字签名技术

数字签名是通信过程中附加在消息上并随着消息一起传送的一串代码。与日常生活中使用的手写签名或印章一样,其目的是为了保证消息的真实性。数字签名在电子商务中特别重要,因此必须做到无法伪造,并且能检测到已签名数据中的任何变化。因此,数字签名依然需要依托于数字加密技术,尤其是非对称密钥加密技术来实现。

3. 身份鉴别与访问控制技术

身份认证也称为身份鉴别,是网络安全中的一个重要环节。身份认证主要由用户向计算机系统以安全的方式提交一个身份证明,然后系统对该身份进行鉴别,最终给予认证后分配给用户一定权限或者拒绝非认证用户。身份鉴别本质是一种真实性鉴别,即鉴别对方宣称的身份是否与真实身份相符,因此也称为身份认证。通常,身份鉴别会在用户进入或登录某个计算机系统或者访问某个资源时进行,在传输一些重要数据时也可能进行(如资金的数据传输),事实上,前面介绍的数字签名也是身份鉴别的一种。

常用的身份鉴别方法大致可以分为三类:① 鉴别对象本人才知道的信息(如口令、私钥、身份证号等);② 鉴别对象本人才具有的信物(例如磁卡、IC 卡、USB 钥匙等);③ 鉴别对象本人才具有的生理特征(例如指纹、手纹等)。然而随着安全需求的上升,单纯使用一种方式的身份鉴别越来越显得发力不足,因此双因素认证逐渐成为身份鉴别技术中的重要组成。简单来说,之前介绍三类鉴别方法分别对应三种“因素”(factor)。因素越多,证明力就越强,身份就越可靠。双因素认证就是指,通过认证同时需要两个因素的证据。银行卡就是最常见的双因素认证。用户必须同时提供银行卡和密码,才能取到现金。

访问控制是对用户访问网络的权限加以控制,明确规定每个用户对网络资源的访问权限,以使网络资源不被非授权用户所访问和使用。访问控制技术是建立在身份认证技术基础之上,用户在被授权之前要先通过身份认证。目前常用的访问控制技术有:入网访问控制、网络权限控制、目录级控制以及属性控制等。

4. 防火墙与入侵检测技术

防火墙是以通过规定内部用户对网络的访问权限、监控过滤外部发来的访问请求和信息流等方法来保护内部网络资源的有效手段。

防火墙是在内部网络和外部网络之间执行访问控制和安全策略的系统,它可以是硬件,也可以是软件,或者是硬件和软件的结合。防火墙作为两个网络之间的一种实施访问控制策略的设备,被安装在内部网和外部网边界的节点上,通过对内部网和外部网之间传送的数据流量进行分析、检测、管理和控制,来限制外部非法用户访问内部网络资源和内部网络用户非法向外传递非授权的信息,以阻挡外部网络的入侵,防止恶意攻击,达到保护内部网络资源和信息的目的。目前,防火墙系统根据其功能和实现方式,分为包过滤防火墙和应用网关。

入侵检测系统(Intrusion Detection System,IDS)是从计算机网络系统中的关键点收集并分析信息,以检查网络中是否有违反安全策略的行为和遭到袭击的迹象。入侵检测被认为是防火墙之后的第二道安全闸门。

5. 其他网络安全技术

漏洞扫描技术:通过对网络设备及服务器系统的扫描,可以了解安全配置和运行的应用服务,及时发现安全漏洞,客观评估网络风险等级。网络管理员根据扫描结果更正系统中的错误配置、进行系统加固、安装补丁程序,或采用其他相关防范措施。

拒绝服务攻击(Denial of Service,DoS)就是利用正常的服务请求来占用过多的服务资源,从而使合法用户无法得到服务响应。DDoS 就是利用更多的"傀儡机"来发起进攻,比单个的 DoS 攻击的规模更大。目前,能有效对付 DDoS 攻击的手段主要是用一些专业的硬件来代替服务器从而保障只有正常的请求才能进入服务器。

4.6.3　计算机病毒

计算机病毒(computer virus)在《中华人民共和国计算机信息系统安全保护条例》中被明确定义:病毒指"编制者在计算机程序中插入的破坏计算机功能或者破坏数据,影响计算机使用并且能够自我复制的一组计算机指令或者程序代码"。

计算机病毒与医学上的"病毒"不同,计算机病毒不是天然存在的,是人利用计算机软件和硬件所固有的脆弱性编制的一组指令集或程序代码。它能潜伏在计算机的存储介质(或程序)里,条件满足时即被激活,通过修改其他程序的方法将自己的精确拷贝或者可能演化的形式放入其他程序中,从而感染其他程序,对计算机资源进行破坏。

计算机病毒本质就是一个普通的程序,一段可执行码。只不过其程序的执行特点就像生物病毒一样,具有自我繁殖、互相传染以及激活再生等特征。计算机病毒有独特的复制能力,它们能够快速蔓延,又常常难以根除。它们能把自身附着在各种类型的文件上,当文件被复制或从一个用户传送到另一个用户时,它们就随同文件一起蔓延开来。

1. 计算机病毒的主要特征

(1)破坏性

计算机中毒后,可能会导致正常的程序无法运行,删除计算机内的关键性系统文件或导致软件系统的运行受到不同程度的干扰,甚至破坏引导扇区及 BIOS 等硬件环境。

(2)传染性

计算机病毒传染性是指计算机病毒通过主动性的自我复制将自身的复制品或变体传播至其他无毒的对象上,这些对象可以是一个文件,一个程序也可以是系统中的某一个部件。

(3)潜伏性

计算机病毒潜伏性是指计算机病毒在感染并依附于其他对象后并不直接启动攻击行为,而是潜伏到条件成熟才发作。

(4)隐蔽性

计算机病毒为了躲避操作系统和安全性软件工具的监控与检测,通常具有很强的隐蔽性,且时隐时现、变化无常,使得病毒处理起来非常困难。

(5)可触发性

编制计算机病毒的人,一般都为病毒程序设定了一些触发条件,例如,系统时钟的某个时间或日期、系统运行了某些程序等。一旦条件满足,计算机病毒就会"发作",使系统遭到破坏。

另外计算机病毒还有很多其他特性,比如繁殖性、寄生性等。

2. 计算机中毒后的典型征兆

计算机中毒后的征兆非常多,甚至各不相同,但如果计算机出现了以下现象时,我们就需要怀疑自己的电脑是否已中毒:

① 屏幕上出现反常的字符或图像,字符出现无规则的活动迹象,主机发出尖叫、蜂鸣音或非正常奏乐等。

② 经常无故死机,随机地发生重新启动现象,系统运行速度明显下降,文件无法正确读取与编辑、内存空间变小、磁盘驱动器以及其他设备无缘无故地变成无效设备等现象。

③ 经常出现打印异常、打印速度明显变慢或打印时出现乱码。

④ 收到来历不明的电子邮件、自动链接到陌生的网站、自动发送电子邮件等。

3. 计算机病毒的预防

预防计算机病毒,需要主动保护文档数据的习惯,在使用计算机过程中,注重数据文件的备份,以防意外发生。

为了保护电脑安全需要下载安装杀毒软件或防火墙。日常需要养成通过官方渠道下载软件的方式,尤其是杀毒软件与系统软件。一些网民为了一时的便利通过某些链接到非法网站下载后结果感染了病毒。除了安装杀毒软件,还可以把一些日常闲置的端口关闭,例如 Windows 下关闭 23、135、445、139、3389 等端口。

网上浏览时建议使用主流的浏览器软件。通常主流的浏览器软件可以提供一定程度的网址和网页信息检测,对于陌生的网页,浏览器软件可以进行一定的信息提示,在一定程度上防止中病毒或木马。

对于系统要及时进行更新与补丁。攻击者往往都是使用工具扫描系统漏洞从而进行攻击或投放木马程序,更新最新版本的系统并打满补丁可在很大程度上可以降低安全威胁。

尽管目前的杀毒软件和木马扫描软件越来越先进,但是杀毒软件对病毒的查杀依赖于病毒库的更新,因此肯定会滞后于新型病毒的出现。所以为了系统的安全,尽量避免去搜索一些敏感和非法的词汇,这些词汇极易链接至内嵌病毒的网址。

生活中注意对系统文件、可执行文件和数据写保护和备份;不使用来历不明的程序或数据;尽量不用外存进行系统引导;不轻易打开来历不明的电子邮件;使用新的计算机系统或软件时,先杀毒后使用;备份系统和参数,建立系统的应急计划等;安装杀毒软件;分类管理数据等。

4.7 计算机网络在医药领域中的应用

随着信息时代的到来以及计算机网络技术的不断发展,网络教学这一新概念也应运而生。作为现代科学重要组成部分的现代医学,医学教育的传统模式必将随之改变。充分利用网络上的医药信息资源,将能促进现代医药教学的改革及发展。另外,医药多媒体资源、远程医疗、远程护理等医疗技术的发展,都离不开计算机网络。

4.7.1 医药网络资源

医药网络资源是指医院以数字化的形式存储在网络结点,借助网络进行传播、使用的信息产品和信息系统的集合体。

医药网络资源采集是通过医药网络搜索、获取、下载、保存医药网络信息资源的过程。医药网络信息资源的采集应遵循实用性原则、系统性原则、互补性原则,将用户的信息需求和信息利用价值作为资源收集的重要依据,确定医药网络信息采集的重点和主要范围,体现信息资源的连续性、完整性以及学科之间的相互关系。

医药网络资源的获取方式主要有以下几种。

1. 医药网络搜寻器

Internet上与医药有关的内容很多,并且更新的速度很快,要记住众多与医学有关的网址,既不可能,也没有必要。查找医药信息最有效的方法是利用医药网络搜寻器进行检索。一般医药网络搜寻器均收集了与医药有关的内容,通过它查找有关的医药信息,既快捷又方便。

2. 免费 Medline 检索

Medline 数据库是美国国立医学图书馆 MEDLARS 系统中规模最大、权威性最高的著名医学文献数据库。许多医疗机构通过 Internet 提供免费的 Medline 检索。

3. 网络虚拟环境的应用

虚拟的网络环境为现代远程医疗诊断以及医学教学都提供了极大的方便。随着网络的快速发展,远程医疗技术已经从最初的电视监护、电话远程诊断发展到数字化图像、语音的综合传输,并能提供实时的高质量交流模式,为现代医学的应用提供了更广阔的发展空间。而远程教学与虚拟图书馆则是在 Internet 上出现的一种新型教学培训及资料查询方式,不限学科类别,不限学生身份,迅速被整个教育界所接受。它不但节省大量的人力、物力,而且教学资料翔实、课程内容丰富、教学手段新颖。很多的医学数据库充分发挥 Internet 的优势,以多媒体方式提供在线医学继续教育服务及资料查询,给医师的进修提高及科研工作的开展提供了极大的方便。

4. 网络医药专业期刊

许多专业医药期刊均在网上发布期刊的电子版。电子版期刊较原版期刊早出版 1~2 个月,且费用低廉(大部分为免费阅读)。

5. 医药资源的专题讨论组

科研人员除了可以充分利用 Internet 上大量的科技数据库外,还能利用 Internet 的专题讨论组(Mailing Lists)中医药专题讨论组,掌握本领域的最新动向。要参加相关医学专题讨论组,只要向相关讨论组发一封电子邮件提出申请,获批准后就会收到相应专题的电子邮件。

4.7.2　远程医疗

1. 远程医疗(telemedicine)定义

从广义上讲,远程医疗是指使用借助于网络、全息影像技术、电子技术以及多媒体技术从而实现异地远距离的医学信息和医疗诊断服务。它涵盖了远程医疗诊断、远程会诊、远程教育、远程医疗信息服务等所有可信息化的医学活动。从狭义上讲,远程医疗是指包括远程影像学、远程诊断及会诊、远程护理等的医疗活动。远程医疗正日益渗入医疗学科的各个领域。

2. 远程医疗的优点

远程医疗具有以下优点。

① 在适当的场所和家庭医疗保健中,远程医疗可以极大地降低由运送病人所产生的时间和成本。

② 可以较好地管理和分配紧急医疗服务资源。

③ 可以使医生突破空间限制,共享病患信息,加快临床治疗与研究的发展。

④ 可以为偏远地区的医务人员提供更好的医学教育。

4.8 计算机网络新技术

4.8.1 物联网

物联网(The Internet of Things,IOT)是新一代信息技术的重要组成部分,是通过射频识别(RFID)、红外感应器、全球定位系统、激光扫描器等信息传感设备和技术,按约定的协议,把物体通过互联网相连接,进行信息交换和通信,以实现对物体的智能化识别、定位、跟踪、监控和管理的一种网络。

物联网被称为信息技术移动泛在化的一个具体应用。物联网通过智能感知、识别技术与普适计算、泛在网络的融合应用,打破了之前的传统思维,人们可以以更加精细和动态的方式管理生产和生活,从而提高资源的利用率和生产力的水平。

4.8.2 云计算

云计算(Cloud Computing)是传统计算机技术和网络技术发展融合的产物,旨在通过网络把多个成本相对较低的计算实体整合成一个具有强大计算能力的系统,并借助一些先进的商业模式把这强大的计算能力分布到终端用户手中。

云计算的基本原理是,通过使计算分布在大量的分布式计算机上,而非运行在本地计算机或集中于某个远程服务器中,这使得企业数据中心的运行将与互联网更相似。企业能够将资源切换到需要的应用上,按需访问计算机或存储系统。云计算具有数据安全可靠、客户端需求低、数据共享轻松、发展空间大等特点。

云计算机中的"云"是一些可以自我维护和管理的虚拟计算资源,通常为一些大型服务器集群,包括计算服务器、存储服务器、宽带资源等。云计算将所有的计算资源集中起来,并由软件实现自动管理,无须人为参与。云计算的一个核心理念就是通过不断提高"云"的处理能力,进而减少用户终端的处理负担,最终使用户终端简化成一个单纯的输入/输出设备,并能按需享受"云"的强大计算处理能力。

目前,云计算主要有以下几大形式。

(1) 软件即服务(SAAS)

这种类型的云计算通过浏览器把程序传给成千上万的用户。对用户而言,省去了在服务器和软件授权上的开支;对供应商而言,只需要维持一个程序就够了,能够减少成本。SAAS在人力资源管理程序和 ERP 中比较常用,Google Apps 和 Zoho Office 也是类似的服务。

（2）实用计算（Utility Computing）

这种形式的云计算是通过创造虚拟的数据中心，从而使得服务使用者能够把内存、I/O 设备、存储等各类资源集中起来形成一个虚拟的资源池来为整个网络提供服务。

（3）网络服务

网络服务同 SAAS 联系紧密，通过提供 API 能够让开发者开发更多基于互联网的应用，而不是提供普通的单机程序。

（4）平台即服务

平台即服务是另一种 SAAS，这种形式的本质是将开发环境视作一种服务来提供。

（5）管理服务提供商（MSP）

MSP 是最古老的云计算运用之一。这种形式的云计算更多的是面向 IT 行业而不是终端用户，常用于邮件病毒扫描、程序监控等。

（6）商业服务平台

商业服务平台是 SAAS 和 MSP 的混合应用，它为用户和供应商之间的互动提供了一个平台。比如用户个人开支管理系统，能够根据用户的设置来管理其开支并协调其订购的各种服务。

（7）互联网整合

该形式可以将互联网上提供类似服务的公司整合起来，更有利于用户选择自己的服务供应商。

互联网的精神实质是自由、平等和分享。作为最能体现互联网精神的计算模型之一的云计算，必将在不远的将来展示出强大的生命力，并从多个方面改变人们的工作和生活。

4.8.3 区块链

区块链（blockchain）起源于比特币，是比特币底层技术之一。本质上，区块链是一个共享的数据库，其中存储的数据与信息不同于其他一般数据库，具有"不可伪造""全程留痕""可以追溯""公开透明"和"集体维护"等特征，而这些特征同时也为"信任"与"合作"提供基础与实现的机制。简单来说，区块链是一个共享的、不可更改的"账本"，用于记录、跟踪以及建立信任机制。

区块链是分布式数据存储，点对点传输，共识机制，加密算法等技术的新应用模式。虽然不同报告中对区块链的介绍略有不同，但五个特质得到了普遍的共识，即：去中心化、开放性、自治性、信息不可篡改和匿名性。

（1）去中心化

去中心化即通过分布式技术实现核算和存储，不存在任何中心化的硬件或管理机构，任意节点的权利和义务都是均等的，各个节点实现信息自我验证、传递和管理。去中心化是区块链最突出最本质的特征。

（2）开放性

所谓开放性，是指区块链除了对数据相关方的私有信息进行加密以外，其余信息对所有人公开，整个系统的信息高度透明。

（3）自治性

区块链基于协商一致的机制，使整个系统中的所有节点能在不信任的环境自由安全地交换数据、记录数据、更新数据，任何人为的干预都不起作用。

(4) 安全性(不可篡改)

信息一旦经过验证并添加到区块链,就会被永久地存储起来,除非同时控制系统中超过51%的节点,否则单个节点上对数据库的修改是无效的。

(5) 匿名性

所谓匿名性,是指节点之间进行数据交互无须通过公开身份的方式让对方产生信任,信息传递可以匿名进行。

本章小结

计算机网络系统是一种全球开放的、数字化的综合信息系统,各种网络应用系统通过在网络中对数字信息的综合采集、存储、传输、处理和利用而在全球范围把人类社会更紧密地联系起来,并以不可抗拒之势影响和冲击着人类社会政治、经济、军事和日常工作、生活的各个方面。

计算机网络系统正朝着开放和大容量的方向发展,统一协议标准和互联网结构形成了以 Internet 为代表的全球开放的计算机网络系统。计算机网络的这种全球开放性不仅使它要面向数十亿的全球用户,而且也将迅速增加更大量的资源,这必将引起网络系统容量需求的极大增长,从而推动计算机网络系统向广域的大容量方向发展,这里的"大容量"包括网络中大容量的高速信息传输能力、高速信息处理能力、大容量信息存储访问能力以及大容量信息采集控制的吞吐能力等,对网络系统的大容量需求又将推动网络通信体系结构、通信系统、计算机和互联技术也向高速、宽带、大容量方向发展。网络宽带、高速和大容量方向是与网络开放性方向密切联系的,现代计算机网络将是不断融入各种新信息技术、具有极丰富的资源和进一步面向全球开放的广域、宽带、高速网络。

同时,计算机网络系统还将向多媒体网络、高效和安全的网络管理、应用服务和智能网络等方向发展。现代计算机网络系统将是人工智能技术和计算机网络技术更进一步结合和融合的网络,它将使社会信息网络更有序化和更智能化。

习题与自测题

一、选择题

1. 在 TCP/IP 协议中,远程文件传输服务所使用的是_____协议。

A. Telnet   B. FTP   C. HTTP   D. UDP

2. 下面哪种通信方式不属于微波远距离通信?_____

A. 卫星通信   B. 光纤通信

C. 对流层散射通信   D. 地面接力通信

3. 下列中_____是因特网电子公告栏的缩写。

A. FTP   B. WWW   C. BBS   D. TCP

4. 以太网的拓扑结构为_____。

A. 星形   B. 环形   C. 树形   D. 总线型

5. 在构建网络时,需要使用多种网络设备,如网卡、交换机等。若要将多个独立的子网互联,如将局域网与广域网互联,应当用_____进行连接。

    A. 集线器   B. 路由器   C. 交换机   D. 调制解调器

6. 常用局域网有以太网、FDDI 网和交换式局域网等，下面的叙述中错误的是_____。

    A. 以太网采用带冲突检测的载波侦听多路访问（CSMA/CD）方法进行通信

    B. FDDI 网和以太网可以直接进行互联

    C. 交换式集线器比普通集线器具有更高的性能，它能提高整个网络的带宽

    D. FDDI 网采用光纤双环结构，具有高可靠性和数据传输的保密性

7. 以下关于网卡（包括集成网卡）的叙述中错误的是_____。

    A. 局域网中的每台计算机中都必须安装网卡

    B. 一台计算机中只能安装一块网卡

    C. 不同类型的局域网其网卡类型是不相同的

    D. 每一块以太网卡都有全球唯一的 MAC 地址

8. 利用有线电视系统接入互联网进行数据传输时，使用_____作为传输介质。

    A. 双绞线   B. 光纤－同轴混合线路

    C. 光纤   D. 同轴电缆

9. 为网络提供共享资源进行管理的计算机称为_____。

    A. 网卡   B. 服务器   C. 工作站   D. 网桥

10. 常用的通信有线介质包括双绞线、同轴电缆和_____。

    A. 微波   B. 红外线   C. 光纤   D. 激光

二、填空题

1. 局域网中常用的拓扑结构主要有星形、_____、总线型 3 种。

2. 在当前的网络系统中，由于网络覆盖面积的大小、技术条件和工作环境不同，通常分为广域网、_____和城域网 3 种。

3. 计算机网络主要有_____、资源共享、提高计算机的可靠性和安全性、分布式处理等功能。

4. 某用户的 E-mail 地址为 zhj_liu@163.net，那么该用户邮箱所在服务器的域名多半是_____。

三、判断题

1. 电话系统的通信线路是用来传输语音的，因此它不能用来传输数据。   （   ）

2. 域名为 www.hytc.edu.cn 的服务器，若对应的 IP 地址为"202.195.112.3"，则通过主机名和 IP 地址都可以实现对服务器的访问。   （   ）

3. IP 地址不便于人们记忆和使用，人们往往通过域名来访问因特网上的主机，一个 IP 地址可以对应于多个域名。   （   ）

4. FDDI 网络采用环形拓扑结构，使用双绞线作为传输介质。   （   ）

【微信扫码】
相关资源 & 习题解答

第 5 章　数字媒体及应用

　　本章主要介绍与数字媒体相关的基本知识,包括文本、图形图像、数字声音、数字视频及其处理等内容。数字媒体是通过计算机或者其他电子、数字处理手段传递的文本、声音、动画和视频的组合。以数字技术为基础,融合通信技术和计算机技术为一体,能够对文字、图形、图像、声音、视频等多种媒体信息进行储存、传送和处理。多媒体技术是人类科学技术史上继印刷术、无线电技术、计算机技术之后的又一次新技术革命,在信息社会中占有十分重要的地位。

5.1　文本及文本处理

　　文字是多媒体项目的基本组成元素,文字是一种书面语言,由一系列被称为字符(character)的书写符号构成,而文本(text)则是文字信息在计算机中的表示形式,是基于特定字符集的、具有上下文相关性的一个(二进制编码)字符流,它是计算机中最常用的一种数字媒体。组成文本的基本元素是字符,字符在计算机中采用二进制编码表示。文本在计算机中的处理包括文本的准备(例如汉字的输入)、文本编辑、文本处理、文本存储与传输、文本展现等过程,根据应用的不同,各个处理环节的内容和要求也有较大的差别。

5.1.1　字符编码

　　字符集(Character Set)是一组抽象的、常用字符的集合。通常,它与一种具体的语言文字对应起来,该语言文字中的所有字符或者大部分常用字符构成了该文字的字符集,比如英文字符集。一组有共同特征的字符也可以组成字符集,比如繁体汉字字符集、日文汉字字符集等。

　　计算机在处理字符时需要将字符和二进制内码对应起来,即字符的二进制表示,这种对应关系就是字符编码(encoding)。制定编码首先需要确定字符集,并将字符集内的字符排序,然后再与二进制数字对应起来,根据字符集内字符的多少确定用几个字节来编码。每种编码都限定了一个明确的字符集合,称为编码字符集(coded character set)。

　　1. ASCII 码

　　由美国国家标准局(ANSI)制定的美国标准信息交换码 ASCII 码(American Standard

Code for Information Interchange)是目前计算机中使用最广泛的字符集编码,它已被国际标准化组织(ISO)定为国际标准,称为 ISO 646 标准。适用于所有拉丁文字字母,ASCII 码有 7 位码和 8 位码两种形式。

1 位二进制数可以表示 $2(2^1)$ 种状态:0、1;2 位二进制数可以表示 $4(2^2)$ 种状态:00、01、10、11;以此类推,7 位二进制数可以表示 $128(2^7)$ 种状态,每种状态都唯一的编为一个 7 位的二进制码,对应一个字符(或控制码),这些码可以排列成一个十进制序号 0~127。所以,7 位 ASCII 码是用 7 位二进制数进行编码的,可以表示 128 个字符,其中有 96 个可打印字符(常用字母、数字、标点符号等)和 32 个控制字符。如:常用的空格(Space)的码值为 32,"A"的码值为 65,"a"的码值为 97,"0"的码值为 48。第 0~32 号以及第 127 号(共 34 个)是控制字符或通讯专用字符,如:控制符 LF(换行)、CR(回车)等;第 33~126 号(共 94 个)是字符,其中第 48~57 号为 0~9 这 10 个阿拉伯数字;第 65~90 号为 26 个大写英文字母;第 97~122 号为 26 个小写英文字母;其余为一些标点符号、运算符号等。

标准 ASCII 码是使用 7 个二进位进行编码,但通过一个字节来存储。每个字节中多出来的一位(最高位 b_7)一般保持为 0,在数据传输时可用作奇偶校验位。表 5.1 是 ASCII 码表。

表 5.1 ASCII 码表

$d_3 d_2 d_1 d_0$ \ $d_6 d_5 d_4$	000	001	010	011	100	101	110	111
0000	NUL	DEL	SP	0	@	P	、	p
0001	SOH	DC1	!	1	A	Q	a	q
0010	STX	DC2	"	2	B	R	b	r
0011	EXT	DC3	#	3	C	S	c	s
0100	EOT	DC4	$	4	D	T	d	t
0101	ENQ	NAK	%	5	E	U	e	u
0110	ACK	SYN	&	6	F	V	f	v
0111	BEL	ETB	,	7	G	W	g	w
1000	BS	CAN	(	8	H	X	h	x
1001	HT	EM	)	9	I	Y	i	y
1010	LF	SUB	*	:	J	Z	j	z
1011	VT	ESC	+	;	K	[	k	{
1100	FF	FS	,	<	L	\\	l	⊥
1101	CR	GS	-	=	M	]	m	}
1110	SD	RS	.	>	N	ˋ	n	~
1111	SI	US	/	?	O		o	DEL

2. 扩充 ASCII 字符集

标准 ASCII 字符集只有 128 个不同的字符,在很多应用中无法满足要求,因此 ISO 又陆续制定了一批适用于不同地区的扩充 ASCII 字符集,每个扩充 ASCII 字符集分别可以扩充 128 个字符,这些扩充字符的编码均是高位为 1 的 8 位代码(十进制数 128~255),称为扩展 ASCII 码。

3. 汉字的编码

相对于西文字符集,汉字字符集的编码有两大困难:选字难和字符排序难。选字难是因为汉字数量大(包括简繁汉字、日韩汉字),而字符集空间有限。字符排序难是因为汉字本身允许多种排序方式(字音、偏旁部首、笔画等),并且每一种排序标准内可能还存在不少争议,比如某些汉字的笔画数还没有得到一致认定。

(1) GB 2312—80 汉字编码

GB 2312—80 是中华人民共和国国家汉字信息交换用编码,全称《信息交换用汉字编码字符集——基本集》,由国家标准总局于 1980 年发布,是简体中文信息处理的国家标准。在大陆及海外使用简体中文的地区(如新加坡)是强制使用的唯一中文编码。

GB 2312—80 共收录简体汉字及符号、字母等 7 445 个字符,其中汉字占 6 763 个。在汉字部分中:一级汉字 3 755 个,以拼音排序;二级汉字 3 008 个,以偏旁排序。GB2312—80 规定:"对任意一个图形字符都采用两个字节表示,每个字节均采用七位编码表示"。习惯上称第一个字节为"高字节",第二个字节为"低字节"。GB2312—80 包含了大部分常用的一、二级汉字和 9 区的符号。该字符集是几乎所有的中文系统和国际化的软件都支持的中文字符集,这也是最基本的中文字符集。

(2) 区位码、国标码和机内码

每个汉字在码表中的位置编码,称为区位码。GB2312 字符集将整个码表分成 94 行(0~93)、94 列(0~93),行号称为区号,列号称为位号。每一个汉字或符号在码表中都有各自的位置,字符用它所在的区号(行号)及位号(列号)来表示的二进制代码(7 位区号在左,7 位位号在右,共 14 位)就是该字符的区位码,其中每个汉字的区号和位号分别用 1 个字节来表示。如:"大"字的区号 20,位号 83,则区位码是 20 83,用两个字节表示为:0001 0100 0101 0011。

为了避免信息通信中汉字编码与其他编码(如通信控制码)的冲突,每个汉字的区号和位号必须分别加上 32(即二进位 00100000),经过这样处理得到的编码称为国标交换码(简称交换码)。因此,根据国标码的计算规则,汉字"大"的国标码应是:0011010001110011。

为了区别汉字编码与 ASCII 编码,或者其他类似的字符编码规则。所以,一个汉字编码可视为两个扩展 ASCII 码,即,将汉字编码中两个字节的最高位(b_7)都规定为 1。最终得到的汉字编码就称为 GB2312 的机内码,又称内码,这是汉字的唯一标识。如:"大"字的内码是 1011 0100 1111 0011(B4F3H)。

(3) 通用编码字符集 UCS/Unicode 与 GB18030 汉字编码标准

由于世界各个国家和地区均有自己的编码标准,许多编码甚至采用类似的方案,因此,相同的编码在不同字符集中可能有不同的意义,甚至使用不同字体也会呈现出不同的效果!而且从一个字符集到另一个字符集的转化也会非常麻烦。为了解决上述麻烦,ISO 推出了用于统一世界上所有字符的编码方案,称为通用字符集(Universal Character Set,UCS)。

　　UCS/Unicode 中的汉字字符集虽然覆盖了 GB2312 和 GBK 标准中的汉字,但编码并不相同。在为保护我国现有的大量汉字信息资源的前提下,又与国际接轨,信息产业部和国家质量技术监督局在 2000 年发布了 GB18030 汉字编码国家标准,并在 2001 年开始执行。GB18030 采用不等长的编码方法,单字节编码表示 ASCII 字符,与 ASCII 码兼容;双字节编码表示汉字,与 GBK 保持兼容;四字节编码用于表示 UCS/Unicode 中的其他字符。因此 GB18030 既和现有汉字编码标准保持向下兼容,又与国际编码接轨,已经广泛应用于许多计算机系统和软件中。

　　(4) 繁体汉字的编码标准

　　BIG5 编码是目前我国台湾、香港地区普遍使用的一种繁体汉字的编码标准,包括 440 个符号,一级汉字 5 401 个、二级汉字 7 652 个,共计 13 060 个汉字。

　　繁体汉字编码另外还有香港增补字符集(HKSCS),作为 BIG5 扩展标准;EUC-TW 本来是我国台湾地区使用的汉字储存方法之一,以 CNS11643 字表为基础,但是台湾地区普遍使用大五码,EUC-TW 很少使用。

5.1.2　数字文本的获取与输出

1. 文本信息的输入

　　要将文件变成电子文件,首先要进行文字等信息的输入。在字处理软件中,信息的输入途径有很多种,最常见的是人工输入,一般通过键盘、手写笔或语音输入方式输入字符,但是速度慢、成本高,不适合大批量文字的输入。近年来流行的输入方法是自动输入,即将纸介质上的文本通过识别技术自动转换为文字,它的特点是速度快、效率高。文字的自动识别分为印刷体识别和手写体识别。

　　在计算机标准键盘上,汉字的输入明显不同于西文输入。进行西文的输入时,按键即对应的固定的字母或符号,但汉字数量众多,无法使每个汉字与西文键盘上的键一一对应,因此必须使用一个或几个键来输入一个汉字,这即为汉字的键盘输入编码。优秀的汉字键盘输入应该易学习、效率高(平均击键次数较少)、重码少、汉字容量大。

　　汉字编码的种类很多,根据编码类型的不同可分为数字编码(基于数字表示,难以记忆不易推广,如区位码、电报码等)、字音码(基于汉字的拼音,简单易学,适合于非专业人员,重码多,如全拼)、字形码(将汉字的字形分解归类而给出的编码方法,重码少、输入速度较快、难掌握,如五笔字型法、表形码等)、形音结合码(综合字音与字形编码的优点,规则简化、重码少、不易掌握)等类型。无论多好的键盘输入法,都需要使用者经过一段时间的练习才可能达到一定的速度。

　　非键盘输入方式是不需使用键盘就能输入汉字的方式,一般包括手写、听、听写、读听写等方式,可分为以下几种方式。

　　(1) 联机手写输入

　　联机手写输入可以简单分成两种手写方式:一是使用专门的输入设备,如摩托罗拉智慧笔、汉王笔、紫光笔、蒙恬笔等;二是软件形式,用鼠标书写,如手易、笔圣、金山手写输入系统等。

（2）语音输入

语音输入的主要功能是通过语音识别系统识别话筒中收到的汉字的语音信息，将识别后的汉字显示在对应软件的编辑区中。这种输入的优势是无须人工手动输入，只需语音即可完成输入。但语音识别的准确率严重依赖于用户的发音标准程度，因此在实际应用中错误率较键盘输入高。

（3）光电扫描输入

光电扫描输入需要利用计算机光电扫描仪，将纸质形态的文本信息扫描成图像，然后通过专用的光学字符识别（Optical Character Recognition，OCR）系统进行文字的识别，最后再将汉字的图像信息形式转成文本形式。这种输入方法的特点是只能用于印刷体文字的输入，要求印刷体文字清晰，识别率才能高。

2. 文本的分类与表示

文本是计算机中最基础也最常见的数字媒体。它的分类方法很多，具体而言：根据是否可在文本信息中包含格式内容可分为简单文本和丰富格式文本；根据文本内容的组织方式可分为线性文本和超文本。

（1）简单文本

简单文本（plain text）是仅包含字符（包括汉字）以及"换行"、"制表"等有限个可打印（可显示）控制字符，而不包含任何其他格式和结构信息的文本类型。这种文本通常称为纯文本或 ASCII 文本，在计算机中的文件后缀名是.txt。它呈现为一种线性结构，写作和阅读均按顺序进行。文件体积小、通用性好，几乎所有的文字处理软件都能识别和处理，但不能插入图片、表格等，不能建立超链接。

（2）丰富格式文本

丰富文本格式文本（Rich Text Format，RTF）是由微软公司开发的跨平台文档格式。它不仅可包含字符和格式信息，还可包含图、表等多种媒体信息。大多数的文字处理软件都能读取和保存 RTF 文档。

（3）超文本

超文本是一种非线性的数据存储和管理的模式，同样也用于显示文本及与文本相关的内容，比较适合于多媒体数据的组织和管理，因此在多媒体技术中得到广泛应用。超文本普遍以电子文档方式存在，其格式有很多，目前最常使用的是 HTML（超文本标记语言）及RTF（富文本格式），日常浏览的网页就属于超文本。

3. 文本信息的输出

对输入的文本信息进行编辑处理后，需要对文本的格式描述进行解释，然后生成文字和图表的映像（bitmap），最后再传送到显示器显示或打印机打印出来。承担上述文本输出任务的软件称为文本阅读器，它可以是嵌入在文本处理软件中的一个模块，如微软的 Word，也可以是独立的软件，如 Adobe 公司的 Acrobat Reader。

一个带有字形的字符显示在屏幕（或打印在纸张）上的过程可以简单归纳如下：首先根据字符的字体确定相应的字形库（font），按照该字符的代码从字形库中取出该字符的形状描述信息，然后按形状描述信息生成字形，并按照字号大小及有关属性（粗体、斜体、下横线）将字形作必要地变换，最后将变换得到的字形放置在页面的指定位置处。

字形库简称字库,是对同一种字体的所有字符的形状描述信息的集合。不同的字体(如宋体、仿宋、楷体、黑体等)对应不同的字库。

对于字库的描述从技术上还可分为两种方法:点阵描述和轮廓描述。在早期应用中普遍采用点阵方法。由于汉字数量多且字形变化大,对不同字形汉字的输出,就有不同的点阵字形。例如,"大"字的点阵图如图5.1(a)所示。

轮廓描述将字形看作是一种图形,用直线曲线勾画轮廓、描述字形,并以数学函数来描述,精度高、字形可任意变化。即使字号增加也可继续保持笔画线条的光滑流畅,因此现在的文字输出多采用轮廓描述。轮廓字形如图5.1(b)所示。

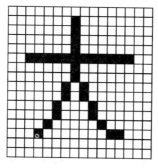 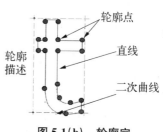

图 5.1(a)　"大"字的 16×16 点阵图　　　图 5.1(b)　轮廓字

5.2　图像与图形

图像是多媒体最重要的组成部分,其信息量大而且易被人类所接收。一幅生动、直观的图像可以表现出大量的信息,具有文本、声音所无法比拟的优点。凡是能为人类的视觉系统所感知的信息形式或人们心目中的有形想象统称为图像,而通常所说的能被计算机处理的图像为数字图像。

数字图像按生成方法大致分成两类:位图图像和矢量图像。

位图图像(bit mapped image)也叫点阵图、位映射图像,常简称为图像。它把图像切割成许许多多的像素,然后用若干二进制位描述每个像素的颜色、亮度及其他属性,不同颜色的像素点组合在一起便构成了一幅完整的图像,适用于所有图像的表示。这种图像的保存需要记录每一个像素的位置和色彩数据,它可以精确地记录色调丰富的图像,逼真地表现自然界的景象,但文件容量较大,无法制作三维图像,当图像缩放、旋转时会失真。制作位图图像的软件有 Adobe Photoshop、Corel Photopaint、Design Painter 等。

矢量图(vector based image)也称向量图,是图形的一种,是通过采用一系列计算机指令来描述图的方式。其处理图的方式,本质是先把图像分割成简单的几何图形,然后用很少的数据量分别描述每个图形。因此,它的文件所占的容量较小,并且缩放或旋转后也不会失真,精确度较高,可以制作三维图像。但矢量图像的缺点也很明显:仅限于描述结构简单的图像,不易制作色调丰富或色彩变化太多的图像;计算机显示时由于要计算,故显示相对较慢;必须使用专用的绘图程序(如 FreeHand、Flash、Illustrator、CorelDraw、AutoCAD 等)才可获得这种图像。

这两类图像各有优点,同时各自也存在缺点,而它们的优点恰好可以弥补对方的缺点,因此在图像处理过程中,常常需要两者相互取长补短。

矢量图像和位图图像之间是可以转换的。将矢量图像转换为位图图像的方法很简单,有两种,一是将矢量图像直接另存为位图图像格式;二是利用抓图工具将绘制好的矢量图像截取下来,然后存储为位图格式的图像。将位图图像转换为矢量图像时,可以通过绘图程序如 Illustrator、Freehand 等来计算一个位图图像的边界或图像内部颜色的轮廓,然后利用多边形来描述这些图像,这种过程称为自动跟踪。

5.2.1 数字图像的获取与表示

在日常生活中,人眼所看到的客观世界称为景象或图像,这是模拟形式的图像(即模拟图像),而计算机所处理的图像是数字图像,因此需要将模拟图像转换成数字图像。

1. 数字图像的获取

计算机处理的数字图像主要有 3 种形式:图形、静态图像和动态图像(即视频)。图像获取就是图像的数字化过程,即将图像采集到计算机中的过程。

数字图像主要有以下几种获取途径。

(1) 从数字化的图像库中获取

目前图像数据库有很多,通常存储在 CD-ROM 光盘上,图像的内容、质量和分辨率都可以选择,只是价格较高,著名的有柯达公司的 Photo CD 素材库。

(2) 利用计算机图像生成软件制作

利用相关的软件,如 CorelDRAW、Photoshop 和 PhotoStyler 等制作图形、静态图像和动态图像等高质量的数字图像。

(3) 利用图像输入设备采集

可以使用彩色扫描仪对图像素材,如印刷品、照片和实物等,进行扫描、加工,即可得到数字图像,也可以直接使用数码相机直接拍摄,再传送到计算机中进行处理。而对于动态图像则可以使用数码摄像机拍摄。例如截屏,可以利用键盘上的 Print Screen 功能键来抓取屏幕上的图像信息。抓取整个屏幕信息,按一下 Print Screen 键,然后在打开的画图程序中新建一个空白文档,按 Ctrl＋V 快捷键,将抓得的信息粘贴到空白文档上。抓取当前活动窗口:按 Alt＋Print Screen 快捷键,接下来的步骤同抓取整个屏幕信息。

当然还可以利用视频播放器进行捕捉,如图 5.2 所示,超级解霸 3500 拍照操作步骤如下。

① 选择"开始|所有程序|超级解霸 3500"程序项命令,或双击桌面快捷方式,启动超级解霸 3500 应用程序,如图 5.3 所示。

图 5.2　利用拍照功能获得的图片

图 5.3　超级解霸 3500

② 当出现想捕获的画面时,单击应用程序控制面板上的拍照按钮 ▣ 或按 Ctrl＋F1 快捷键,即可拍下图片,获得的图像通常被保存为 BMP 格式。

(4) 从网络上获取

随着网络技术的飞速发展,Internet 已经成为人们日常生活中必不可少的工具,网络上大量的免费图像在注意版权问题的前提下都可以自由使用。

2. 数字图像的表示

图像信息数字化的取样,是指把时间和空间上连续的图像转换成离散点的过程。量化则是图像离散化后,将表示图像色彩浓淡的连续变化值离散成等间隔的整数值(即灰度级),从而实现图像的数字化,量化等级越高,图像质量越好。

描述一幅图像需要使用图像的属性,图像的属性主要有分辨率、像素深度、颜色模型、真伪彩色、文件的大小等。

(1) 分辨率

分辨率是影响图像质量的重要因素,可分为屏幕分辨率和图像分辨率两种。

屏幕分辨率:是指计算机屏幕上最大的显示区域,以水平和垂直的像素表示。屏幕分辨率和显示模式有关,例如在 VGA 显示模式下的分辨率是 1 024×768,是指满屏显示时水平有 1 024 个像素,垂直有 768 个像素。

图像分辨率:指数字化图像的尺寸,是该图像横向像素数×纵向像素数,决定了位图图像的显示质量。如一幅 320×240 的图像,共 76 800 个像素。

(2) 像素深度

像素深度是指存储每个像素所用的位数,一般指表示像素的颜色值所用的二进制的位数,图像的颜色数＝$2^{像素深度}$。如:黑白图的像素深度是 1,灰度图的像素深度是 8,真彩色图的像素深度是 24。

(3) 颜色模型

颜色是外界光刺激作用于人眼而产生的主观感受。颜色模型又称为色彩空间,指彩色图像所使用的颜色描述方法。常用的颜色模型有 RGB(红、绿、蓝)、CMYK(青蓝、洋红、黄、黑)、HSV(色彩、饱和度、亮度)、YUV(亮度、色度)等。因此,颜色模型是一种包含不同颜色的颜色表,表中的颜色数取决于像素深度。根据不同的需要,可以使用不同的颜色模型来定义颜色。

RGB 模型是最常见的一种颜色模型,它使用红(Red)、绿(Green)、蓝(Blue)3 种基色来生成其他所有的颜色,每种颜色由红、绿、蓝按不同的强度比例合成,主要用于显示器系统。

HSV(Hue 色度,Saturation 饱和度,Value 亮度)色彩空间,也称 HSI(Hue 色度,Saturation 饱和度,Intensity 亮度)色彩空间,是从人的视觉系统出发,用色度、色饱和度和亮度来描述色彩。由于人的视觉对亮度的敏感程度远强于对颜色浓淡的敏感程度,为了便于色彩处理和识别,人的视觉系统经常采用 HSV 色彩空间,它比 RGB 色彩空间更符合人的视觉特性。HSV 色彩空间和 RGB 色彩空间只是同一物理量的不同表示法,因而它们之间存在着转换关系。

而在印刷业上则采用 CMYK 模型,它使用青蓝色(Cyan)、洋红(Magenta)、黄色

（Yellow）和黑色（Black）4 种彩色墨水来打印像素点。当然还有许多其他类型的颜色模型，但是没有哪一种颜色模型能解释所有的颜色问题，具体应用中常常通过采用不同颜色模型或者模型转换来帮助说明不同的颜色特征。

（4）真伪彩色、位平面数和灰度级

二值图像（binary image）又称黑白图像，是指每个像素不是黑就是白，如图 5.4 所示。

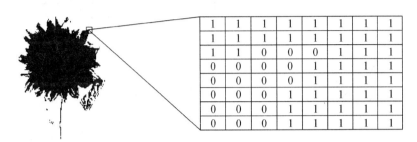

1	1	1	1	1	1	1	1
1	1	1	1	1	1	1	1
1	1	0	0	0	1	1	1
0	0	0	0	1	1	1	1
0	0	0	0	1	1	1	1
0	0	0	1	1	1	1	1
0	0	0	1	1	1	1	1
0	0	0	1	1	1	1	1

图 5.4 黑白图像

因占用空间少，二值图像一般可用来描述文字或者图形。但其缺点是当表示人物、风景的图像时，二值图像只能描述其轮廓，不能描述细节，这时候要用更高的灰度级。

灰度图像即将黑白之间的颜色划分为不同的过渡阶段，也可以简单的理解成将黑色描述成不同的深浅程度。通常灰度图像用 8 位二进制表示，即 256 色，如图 5.5 所示。

220	228	234	231	223	215	218	189
193	203	186	184	193	195	197	197
216	210	210	247	249	249	240	238
224	233	239	240	232	226	216	224
230	241	232	228	240	240	168	168
164	164	164	177	177	177	164	164
146	150	150	147	147	147	147	147
147	156	164	164	176	176	176	177

图 5.5 灰度图像

在 RGB 色彩空间中，像素深度与色彩的映射关系主要有真彩色、伪彩色和调配色。真彩色（true color）是指图像中的每个像素值都分成 R、G、B 3 个基色分量，每个基色分量直接决定其基色的强度，这样产生的色彩称为真彩色。例如像素深度为 24，用 R：G：B＝8：8：8 来表示色彩，则 R、G、B 各占用 8 位来表示各自基色分量的强度，每个基色分量的强度等级有 $2^8=256$ 种，图像可容纳 $2^{24}=16$ M 种色彩。但事实上自然界的色彩是不能用任何数字归纳的，这些只是相对于人眼的识别能力，这样得到的色彩可以相对人眼基本反映原图的真实色彩，故称真彩色。伪彩色（pseudo color）图像的每个像素值实际上是一个索引值或代码值，该代码值作为色彩查找表（Color Look-Up Table，CLUT）中某一项的入口地址，根据该地址可查找出包含实际 R、G、B 的强度值。这种用查找映射的方法产生的色彩称为伪彩色。用这种方式产生的色彩本身是真的，不过它不一定反映原图的色彩。图 5.6 即为彩色图像的表示。

真彩色图像的位平面数是 3，每个分量的灰度级是 2^8，黑白图像和灰度图像的位平面数都是 1，黑白图像的灰度级是 2^1，灰度图像的灰度级是 2^8。

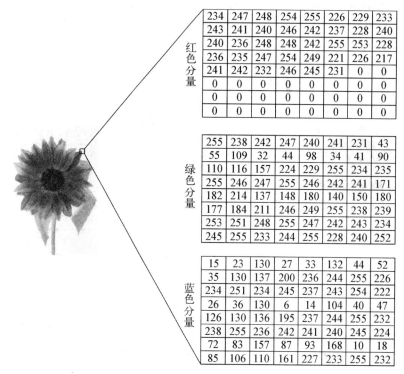

图 5.6　彩色图像

（5）图像文件的大小

一幅图像的大小与图像分辨率、像素深度密切相关，一个图像文件占据的存储空间可以用以下公式来计算：

$$图像文件的字节数＝每像素所占位数×行像素数×列像素数÷8$$

其中，图像颜色数＝$2^{每像素所占位数}$。

例如，一幅图像分辨率为 640×480，像素深度为 24 的真彩色图像，未经压缩的大小为 640×480×24÷8＝921 600（字节）。

可见，位图图像所需的存储空间较大。因此，在多媒体中使用的图像一般都要经过压缩来减少存储量。

5.2.2　数字图像的常见格式

在多媒体计算机中，可以处理的图像文件格式有很多，位图图像可以存储为许多种文件格式。现在大多数的图像应用程序都提供了"另存为"选项，用于将图像保存为通用的图像格式。以不同格式存储同一幅图像，其质量、大小差异有时很大，对多媒体制作来说，应力求在保证图像质量的前提下，尽可能减小图像文件的大小。常用的图像格式转换工具有 ACDSee、Mspaint 和 PhotoShop 等。每种图像格式都有各自的特点，下面主要介绍几种常用的图像格式。

（1）BMP 格式

位图（bitmap，BMP）是 Windows 操作系统中的标准图像文件格式，在 Windows 下运行的所有图像处理软件都支持这种格式,因此它是一种通用的图形格式。这种格式的特点是包含的图像信息较丰富,一个文件存放一幅图像,几乎不进行压缩,当然也可以进行无损压缩,但由此导致了它会占据大量存储空间。所以,BMP 在单机上比较流行,但不合适于网络传输。

（2）GIF 格式

图形交换格式（Graphics Interchange Format,GIF）主要是用来交换图片的,是 20 世纪 80 年代由美国一家著名的在线信息服务机构 CompuServe 针对当时网络传输带宽的限制而开发出来的。

GIF 格式的特点是压缩比高,磁盘空间占用较少,所以这种图像格式通过网络得到了迅速的推广。最初的 GIF 只能简单地存储单幅静止图像,但随着技术发展,目前已可同时存储若干幅静止图像于一个图像文件中从而形成动态的动画。同时,在 GIF 图像中还可指定透明区域,使图像具有"透视"的显示效果。目前 Internet 上大量采用的彩色动画文件多为这种格式的文件,也称为 GIF 89a 格式文件。

此外,考虑到网络带宽以及图像传输的实际过程,GIF 图像格式还具有累进显示功能,即,用户可先看到图像的大致轮廓,然后随着传输的深入而逐步看清图像的细节。

但 GIF 也有自身的缺点,即不能存储超过 256 色的图像。尽管如此,由于 GIF 图像文件短小、下载速度快、可描述动画的优势令其在网络中被广泛应用。

（3）JPEG 格式

JPEG 也是常见的一种图像格式,其文件的扩展名为.jpg 或.jpeg。JPEG 图像可用有损压缩方式来获得极高的压缩率,但也能同时展现丰富生动的图像信息,是性价比极高的图像格式。同时 JPEG 还是一种很灵活的格式,具有调节图像质量的功能,允许用不同的压缩比例对文件进行压缩。

JPEG 出色的表现令它的应用非常广泛,尤其是在数码相机和光盘读物中,几乎是网络上最受欢迎的图像格式。

（4）JPEG 2000 格式

JPEG 2000 是 JPEG 的升级版,具有更高的压缩率,其压缩率可比 JPEG 高约 30% 左右。但与 JPEG 不同的是,JPEG 2000 既可支持有损又可实现无损压缩,而 JPEG 只能支持有损压缩。无损压缩对保存一些重要图片是十分有用的。此外,JPEG 2000 还支持所谓的"感兴趣区域"特性,可指定任意影像区域的压缩质量,还可对指定区域实现优先解压缩。因此,JPEG 2000 取代传统的 JPEG 格式指日可待。

目前,JPEG 2000 已在医学影像和处理中得到了广泛的应用,另外,电影院的放映图像也基本是以 JPEG 2000 的格式进行存储播放。

（5）TIFF 格式

TIFF（Tag Image File Format）是 Mac 中广泛使用的图像格式,它由 Aldus 和微软公司联合开发,最初是为跨平台存储扫描图像的需要而设计的。它的特点是可包含复杂的图像格式并能存储大量的信息。正因为此,TIFF 图像的质量非常高,非常有利于原稿的打印与复制。该格式也有压缩和非压缩两种形式,其中压缩还可采用无损压缩方式。目前 TIFF 也是计算机中使用最广泛的图像文件格式之一。

（6）PNG 格式

PNG（Portable Network Graphics）是一种新兴的网络图像格式,而且是目前最不失真的格式。PNG 格式兼具了 GIF 和 JPEG 两者的优点,存储形式丰富;又因为 PNG 是采用无损压缩方式,因此它的另一个特点是能把图像文件压缩到极限的同时又能保留所有与图像品质有关的信息;它的第三个特点是显示速度快适合网络传输,仅需下载 1/64 的图像数据就可以低分辨率显示图像;第四个特点是支持透明背景。但 PNG 最大的缺点是不可支持动画效果。

5.2.3 数字图像处理与应用

1. 图像处理的概念

图像处理是指使用计算机对来自照相机、摄像机、传真机、扫描仪、医用 CT 机、X 光机等的图像进行去噪、增强、复原、分割、提取特征、压缩、存储、检索等操作处理。

2. 图像处理的目的与方法

通常经图像信息输入系统获取的源图像信息中都含有各种各样的噪声和畸变,在很多情况下并不能直接用于多媒体项目中,必须先根据需要进行编辑处理。图像处理的目的是:使图像更清晰或者具有某种特殊的效果,使人或计算机更易于理解;有利于图像的复原与重建;便于图像的分析、存储、管理、检索以及图像内容与知识产权的保护等。

下面简单介绍几种常用的图像处理方法。

(1) 编码压缩

在计算机上处理图像信号的前提是先把图像数字化成二进制数值。由于数字化后的图像数据量很大,不便于存储和传输,因此在多媒体系统中图像信息必须经过编码压缩处理。

(2) 图像增强

图像增强的目的是为了改善图像的视觉效果、工艺的适应性,便于人与计算机的分析和处理,以满足图像复制或再现的要求。图像增强的内容包括色彩变换、灰度变换、图像锐化、噪声去除、几何畸变校正和图像尺寸变换等。简单地说,就是对图像的灰度和坐标进行某些操作,从而改善图像质量。目前常用的图像增强方法根据其处理的空间不同,可分为两类。

第一类是基于图像域的方法:直接在图像所在的空间进行处理,也就是在像素组成的图像域里直接对像素进行操作。

第二类是基于变换域的方法:在图像的变换域间接对图像进行处理。

(3) 图像恢复

图像恢复的目的也是改善图像质量,但与图像增强相比,图像恢复以其保真度为前提,力求保持图像的本来面目。所以图像恢复的作用是从畸变的图像中恢复出真实图像。

(4) 图像编辑

图像编辑的目的是将原始图像加工成各种可供表现用的图像形式,包括图像剪裁、缩放、旋转、翻转和综合叠加等。

(5) 图像格式转换

为了适应不同应用的需要,多媒体系统中的图像以多种格式进行存储。图像格式转换可通过工具软件来实现。

3. 常用的图像编辑软件

具有图像编辑功能的软件有很多,比如 Windows 自带的画图软件 MSpaint、ACDSee 和 PhotoShop 等。有些软件甚至可以进行专业级的编辑制作,如美国 Adobe 公司的 PhotoShop,集图像扫描、图像编辑、绘图、图像合成及图像输出等多种功能于一体,是一个流行的图像处理工具。

Windows 自带的画图软件 MSpaint 的使用非常方便。

① 选择"开始|程序|附件|画图"命令,可以启动画图应用程序。

② MSpaint 画图程序的使用方法十分简单,利用它可以设计出简单的位图作品。

③ 使用该画图程序的"另存为"命令,可以很方便地把 BMP 格式的图像转化成 JPG、TIF 或 PNG 等格式的图像。

4. 数字图像处理的应用

图像是人类获取和交换信息的主要来源,因此,图像处理的应用领域逐渐渗透到人类生活和工作的方方面面。

(1)航天和航空技术方面

数字图像处理技术在航天和航空技术方面得到了高度的重视与应用,除了可对太空照片进行处理之外,另一方面的应用是在飞机遥感和卫星遥感技术中。在资源调查与勘察,气象研究与预报等研究方面,数字图像处理技术也发挥了相当大的作用。

(2)生物医学工程方面

数字图像处理在生物医学工程方面的应用十分广泛,而且很有成效。生活中最常接触的 CT 影像、核磁共振、X 射线等均是数字图像处理在医疗诊断中的应用,此外还有对医用显微图像的处理分析,如红细胞、白细胞分类等等。

(3)通信工程方面

当前通信技术的主要趋势是将各种多媒体形式和数据结合后的多媒体通信,其中以图像通信最受关注,也最为复杂。图像的应用需求十分广泛,可视电话、视频会议等均是图像通信的研究成果。

(4)工业和工程方面

图像处理早已经在工业和工程领域中被普遍应用,如检测零件的质量、进行零件分类,瑕疵检查,自动分拣等。

(5)军事公安方面

在军事方面的图像处理主要用于导弹的精确末段制导,侦察等;公安业务一般可用于指纹识别,人脸鉴别,图片复原,还有交通监控、事故分析等。

(6)机器人视觉

机器视觉是将图像作为智能机器人的重要感知信息来源,以三维景物理解和识别作为其研究重点,是目前处于研究之中的开放课题。

5.2.4 计算机图形及应用

计算机图形是一种抽象化的图像,又称为矢量图形,是由一个指令集来描述的。矢量图的基本组成部分称为图元,它是图形中具有一定意义的较为独立的信息单位,例如一个圆、一个矩形等。一个图形是由若干个图段组成的,而一个图段则是由若干个图元组成的。图形若是平面的就是二维图形,若在三维空间内就是三维图形即立体图形,主要用于工程图、白描图、图例、卡通漫画和三维建模等。大多数 CAD 和 3D 造型软件使用矢量图作为基本的图形存储格式。在多媒体计算机中,常用的图形文件格式有 DWG、IGES、3DS 和 WMF 等。在三维图形上增加着色和光照效果、材质感(纹理)等因素,就称为真实感图形。如图 5.7 所示为由 AutoCAD 软件绘制的机械零件图。

Adobe 公司的 Freehand 和 Illustrator、Corel 公司的 CorelDRAW 是众多矢量图形设计软件中的代表,而 Flash MX 制作的动画也是矢量图形动画,其他的绘图软件还有工程机械等领域常用的 AutoCAD 以及三维绘图软件 3DS 等。

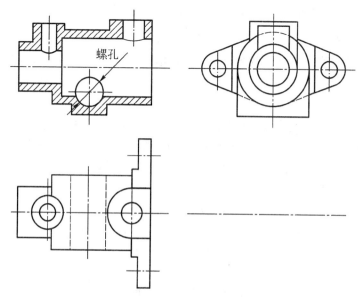

图 5.7　由 AutoCAD 绘制的机械零件图

图形的输入常采用图形扫描、图形选择输入、菜单选择输入等几种方法。

① 图形的扫描输入由数字化仪来实现。

② 图形选择输入是使用鼠标在计算机中图形库内选择某个图形,作为用户所需要的图形。

③ 菜单选择输入是通过鼠标选择计算机屏幕上的菜单命令来驱动一个绘图软件。

对矢量图形的处理有平移、缩放、旋转、变换和裁剪等。

图形的输出常采用显示器显示、打印机按位图打印和绘图仪绘制 3 种方式。一般来说,打印机只能打印幅面较小的图形,而绘图仪可绘制较大幅面的图纸,因此一些工程设计图形就需要用绘图仪来绘制。

计算机图形学不仅涵盖了从三维图形建模、绘制到动画的整个制作过程,同时也包括了二维图形与图像、视频等的融合处理研究。计算机图形学经过几十年的发展,作为其领域突出研究成果的新技术,如 VR(虚拟现实)、3D 打印、AR(增强现实)及全息投影等为生产生活各个领域都带来巨大的推动,也带来新的机遇与挑战。

5.3 数字声音及应用

声音是多媒体作品中最能触动人们的元素之一，人通过听觉器官收集到的信息占利用各种感觉器官从外界收集到的总信息量的 20％左右，充分利用声音的魅力是制作优秀多媒体作品的关键。目前，多媒体计算机对声音处理的功能越来越强，并且声音媒体成为多媒体计算机中必不可少的信息载体之一。

5.3.1 数字声音的获取

1. 数字声音的获取方法

声音经过输入设备，例如话筒、录音机或 CD 激光唱机等设备将声波变换成一种模拟的电压信号，再经过模数转换（包括取样和量化）把模拟信号转换成计算机可以处理的数字信号，这个过程称为声音的数字化。

（1）模拟信号和数字信号

语音信号是最典型的连续信号，它不仅在时间上连续，而且在幅度上也是连续的。在一定时间里，时间"连续"是指声音信号的"时刻点"有无穷多个，幅度"连续"是指幅度的数值有无穷多个。把在时间和幅度上都是连续的信号称为模拟信号。

数字信号是指时间和幅度都用离散的数值所表示的信号形式。实际上，数字信号来源于模拟信号，是模拟信号的子集，是模拟信号经取样、量化、编码后得到的。它的特点是幅值被限制在有限个数值之内，而并非是连续变化的。

（2）声音信息数字化

把每隔一段特定的时间从模拟信号中测量一个幅度值的过程，称为取样（sampling）。取样得到的幅度可能是无穷多个，因此幅度还是连续的。如果把信号幅度取值的数目加以限定，这种信号就称为离散幅度信号。取样后，对幅度进行限定和近似的过程称为量化（measuring）。把时间和幅度都用离散的数字表示，则模拟信号就转化为了数字信号。图5.8 所示为声音信号数字化过程。

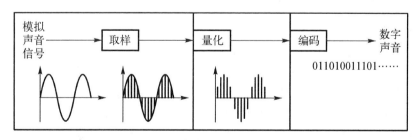

图 5.8　声音信号数字化过程

声音进入计算机的第一步就是数字化，数字化实际上就是取样和量化。取样和量化过程所用的主要部件是模数转换器，即模拟信号到数字信号的转换器（Analog to Digital Converter，ADC）。如果在间隔相等的一小段时间内取样一次，称为均匀取样（proportional sampling），单位时间内的取样次数称为取样频率（sampling frequency）；如果幅度的划分是等间隔的,就称为线性量化(Linear Measuring)。

取样频率的高低是由奈奎斯特理论(Nyquist Theory)和声音信号本身的最高频率决定的。该理论指出:若取样频率大于声音信号最高频率的两倍,则可以对声音进行无损数字化(lossless digitization)。当然,取样频率越高,数字化的音频质量也就越高,取样定理表示为: $f_s \geqslant 2f$,其中 f 是被采集信号的最高频率。

当然,两倍于最高频率的取样频率是数字化声音再现声音的必要条件,而非充分条件,它还与幅度的量化级别有关,量化级别越高,越能反映音量不同的声音。如果量化成 256 个幅度,在计算机中就需要 8 位二进制数表示。用以表示量化级别的二进制数据的位数,称为取样精度(sampling precision),也叫量化位数、样本位数、位深度,用每个声音样本的位数(bit 或 b)表示。如果每个声音样本用 16 位表示,就能表示 65 536 种不同的幅度,它的精度是输入信号的 1/65 536。样本位数越多,声音的质量越高,而需要的存储空间也越大;位数越少,声音的质量越低,需要的存储空间越小。

取样时的声道数有单声道和双声道两种。单声道为声音记录只产生一个波形数据;双声道为声音记录产生两个波形数据。双声道能产生立体声的听觉效果,但它的数据存储量为单声道的数据存储量的两倍。因此未经压缩的数字声音的数据率为:

$$数据率(bps) = 取样频率(Hz) \times 量化位数(bit) \times 声道数$$

通过数据率即可计算得到一个未经压缩的声音文件的大小:

$$文件的字节数 = 数据率 \times 时间 \div 8 = 取样频率 \times 量化位数 \times 声道数 \times 时间 \div 8$$

其中,时间的单位是秒(s)。

例如,一个声音文件中的声音取样频率为 44.1 kHz,每个取样点的量化位数用 8 位,录制立体声(双声道)节目,声音播放时间为 1 分钟(min),不采用压缩技术,生成的文件大小为: $44\ 100 \times 8 \times 2 \times 60 \div 8 = 5\ 292\ 000$ (字节)。

模拟的声音信号转变成数字形式进行处理的好处是显而易见的:声音存储质量得到了加强;数字化的声音信息使计算机能够进行识别、处理和压缩;以数字形式存储的声音重放性能好,复制时没有失真;数字声音的可编辑性强,易于进行效果处理;数字声音能进行数据压缩,传输时抗干扰能力强;数字声音容易与其他媒体相互结合(集成);数字声音为自动提取"元数据"和实现基于内容的检索创造了条件。

2. 数字声音的获取设备

数字声音的获取设备主要包括麦克风和声卡。

麦克风,学名传声器,是一种电声器材,通过声波作用到震动敏感的元件上而产生电流。麦克风种类繁多,电路简单。一般其得到的声音信号为模拟信号。

声卡是实现声波/数字信号相互转换的一种硬件。声卡的基本功能是把自话筒、磁带等设备输入的模拟声音信号进行数字化转换后,输出到耳机或扬声器等声响设备,或通过音乐设备数字接口(MIDI)使乐器发出美妙的声音。

5.3.2 数字声音的压缩编码及常见格式

1. 数字声音的压缩编码

将量化后的数字声音信息直接存入计算机会占用大量的存储空间。因此,一般需要对数字化后的声音信号进行压缩编码,以减少音频的数据量,令其更适合在计算机内存储和网络中传输。在播放这些声音时,需要经解码器将二进制编码恢复成原来的声音信号播放。

声音信号能进行压缩编码的基本依据主要有 3 点:

① 声音信号中本身存在着很大的冗余度,删除这些冗余信息,即可在一定程度上降低数据量。

② 音频信息的最终接收者是人,人耳的听觉对部分声音并不敏感。舍去人耳不敏感的声音对整个音频质量的影响很小,有时甚至可以忽略不计。

③ 声音的采样波形中,相邻采样值之间存在着极强的关联性。

根据压缩原理的不同,声音的压缩编码也各有不同。经过压缩编码后的波形声音最终会以某种文件格式进行存储。

2. 声音文件的常见格式

数字化后的声音信息,常被称为声音文件。声音文件可以以不同的格式被存储在计算机中,声音文件的格式作为一种声音的识别方法,显然在数据进行编辑和播放之前文件的结构必须是已知的,然后选择相应的播放器进行编辑成播放文件。常见的声音文件格式如表5.2 所示。

表 5.2 声音文件常见格式及扩展名

文件格式	文件扩展名
WAV 文件	.wav
CD 文件	.cda
MIDI 文件	.mid、.rmi
Audio 文件	.mp3/mp2/mp1、.aac、.flac
DVD 文件	.vob

下面介绍几种常见的声音文件。

(1) WAV 文件

WAV 文件即波形文件,其扩展名是.wav,是 Windows 中的通用的波形声音文件存储格式,被 Windows 平台及其应用程序所支持,它来源于对声音模拟波形的取样,是最早的数字音频格式。WAV 文件即是通过对声音波形进行取样、量化、并转换为二进制后的声音信息组织文件。WAV 格式是目前计算机上广为流行的声音文件格式,几乎所有的音频编辑软件都"认识"WAV 格式。但 WAV 文件对存储空间需求太大,不便于交流和传播。

(2) CD 文件

CD 是光盘的一种存储格式,专门用来记录和存储音乐。它可以提供高质量的音源,而且无须硬盘存储声音文件,声音信息是利用激光将 0 和 1 数字位转换成微小的凹凸状态制作在光盘上,通过光盘驱动器读出其内容,再经过数模转换变成模拟信号后输出并播放。可以说 CD 音轨是近似无损的,它的声音基本上忠于原声,因此 CD 被称为当今世界上音质最好的音频格式之一。

CD 光盘中看到的"＊.cda"格式即是 CD 音轨。一个 cda 文件,只是一个索引文件,并不包含声音信息本身,不论 CD 音乐的长短,在计算机上看到的"＊.cda"文件都是 44 字节长。需要注意的是,不能直接复制 CD 格式的"＊.cda"文件到硬盘上播放,需要使用其他的音频编辑软件把 CD 格式的文件转换成音频格式文件。

（3）MIDI 文件

乐器数字接口(Musical Instrument Digital Interface,MIDI)是由世界上主要电子乐器制造厂商联合建立起来的一个通信标准,用于音乐合成器(music synthesizers)、乐器(musical instruments)和计算机等电子设备之间信息与控制信号交换的一种标准协议,其扩展名为.mid 或.rmi。

使用 MIDI 文件格式存储的音乐(如钢琴曲)不是音乐本身,而是发给 MIDI 设备或其他装置让它们发出声音或执行某个动作的指令。即,MIDI 文件格式存储的是一套指令(即命令),由这一套命令来指挥 MIDI 设备,如声卡如何再现音乐。MIDI 文件重放的效果完全依赖于声卡的档次。

对于 MIDI 标准文件来说,不需要取样,不用存储大量的模拟信号信息,只记录了一些命令,一个 MIDI 文件每存 1 min 的音乐只用大约 5～10 KB,因此 MIDI 文件较小,消耗存储空间小。同时,MIDI 采用命令处理声音,容易编辑,是作曲家和音乐家的最爱。另外,MIDI可以作为背景音乐,与其他媒体一起使用可以加强演示效果,比如流行歌曲的业余表演,游戏音轨以及电子贺卡等。但是,由于 MIDI 文件存储格式缺乏重现真实自然声音的能力,如语音,因此它不能用在除了音乐之外的其他含有语音的歌曲当中。

（4）MP1/MP2/MP3 文件

动态图像专家组(Moving Picture Experts Group,MPEG)始建于 1988 年,是专门负责为 CD 建立视频和音频压缩标准的。MPEG 音频文件指的是 MPEG 标准中的声音部分,即MPEG 音频层。MPEG 音频文件根据压缩质量和编码复杂程度的不同可分为 3 层,MPEGAudio Layer 1/2/3 分别与 MP1、MP2 和 MP3 这 3 种声音文件相对应。MPEG 音频编码具有很高的压缩率,MP1 和 MP2 的压缩率分别为 4：1 和 6：1～8：1,而 MP3 的压缩率则高达 10：1～12：1,也就是说 1 min CD 音质的音乐未经压缩需要 10 MB 存储空间,而经过MP3 压缩编码后只有 1 MB 左右,同时其音质基本不失真。

简单地说,MP3 就是一种音频压缩技术,由于这种压缩方式的全称叫 MPEG AudioLayer 3,所以人们把它简称为 MP3。正是因为 MP3 具有体积小、音质高的特点,使得 MP3格式几乎成为网上音乐的代名词。每分钟音乐的 MP3 格式只有 1 MB 左右大小,这样每首歌的大小只有 3～5MB 大小。使用 MP3 播放器对 MP3 文件进行实时的解压缩(解码),这样,高品质的 MP3 音乐就播放出来了。

（5）AAC 文件

AAC 全称高级音频编码(Advanced Audio Coding),是一种专为声音数据设计的文件压缩格式。与 MP3 相比,更加高效,具有更高的"性价比"。现为目前各类网络平台中主流的音频格式之一。AAC 本就是基于 MP3 开发出来的,且目的即为取代 MP3,所以两者的编码系统有一定的相似之处,但 AAC 的编码工序更为复杂。AAC 出现于 1997 年,是基于MPEG-2 所设计的音频编码技术,随着 MPEG-4 音频标准在 2000 年的成型,又追加了一些新的编码特性,为了区别传统的 MPEG-2 AAC,我们又叫 MPEG-4 AAC(M4A)。

（6）WMA(Windows Media Audio)文件

WMA 格式由微软公司开发,是以减少数据流量但保持音质的方法来达到更高的压缩率,WMA 的压缩率一般都可以达到 18:1 左右。WMA 的另一个优点是内容提供商可以加入防复制保护,这种版权保护的技术可以限制播放时间和播放次数甚至播放机器等,能够有效地抵制盗版。另外,WMA 还支持音频流(stream)技术,适合在网络上在线播放,只要安装了 Windows 操作系统就可以直接播放 WMA 音乐,而无须安装额外的播放器。

（7）FLAC 文件

FLAC 全称为无损音频压缩编码(Free Lossless Audio Codec)。FLAC 是非常著名的自由音频压缩编码,其特点是无损压缩。不同于 MP3 及 AAC,它不会破坏任何原有的音频信息,将 FLAC 文件还原为 WAV 文件后,与压缩前的 WAV 文件内容相同。2012 年以来它已被很多软件及硬件音频产品(如 CD 等)所支持。

5.3.3 数字声音的编辑与应用

把模拟声音信号转换为数字音频,就是利用计算机来对声音进行编辑处理。音频编辑在音乐后期合成、多媒体音效制作、视频声音处理等方面发挥着至关重要的作用,它是修饰声音素材的最主要途径。常用的音频处理软件有 Windows 自带的录音机以及 GoldWave、Cool Edit、Ulead 公司出品的 Audio Editor 等。也可以直接通过合成技术实现音频的合成创作。

1. 常用的编辑软件

（1）录音机

录音机如图 5.9 所示,是 Windows 提供的播放工具,可以利用它录音,功能基本与生活中使用的录音机相同。录音后,生成 WAV 存储格式的文件。它的使用局限性很大,而且它只能播放 WAV 格式的文件。为计算机配备声卡和话筒后,就可以使用录音机录制声音了。其主要功能的使用步骤如下。

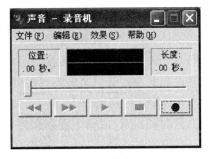

图 5.9 录音机

① 打开录音机。选择"开始 | 程序 | 附件 | 娱乐 | 录音机"命令。

② 播放音频文件。选择"文件 | 打开"命令找到文件位置即可播放,但只能播放 WAV 文件,在播放过程中可以通过"效果"菜单提高或降低音量,进行加速或减速以及增加回音等。

③ 录制声音。单击"录音"按钮开始录音,当录音结束时,单击"停止"按钮,此时在窗口右侧的"长度"框中显示所录制声音文件的时间长度;单击"播放"按钮可直接听取刚录制的声音。

④ 保存声音文件。选择"文件 | 保存"命令即可完成保存工作。

如果选择"文件 | 另存为"命令,单击"更改"按钮,打开"声音选定"对话框,可进行声道、取样频率、量化位数和格式等属性的设置,如图 5.10 所示。

此外,利用录音机的"编辑"菜单,还可以进行诸如插入声音、混音等有趣的操作。

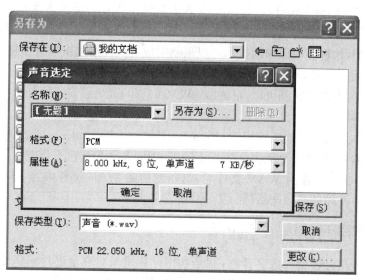

图 5.10　录制声音

（2）其他处理软件

除了以上常见的播放器以外，还有可以在网上在线播放和收听节目的 RealPlayer 播放器、专门用于播放 MP3 的 Winamp 播放器等。另外，还有非常易学好用的专用音频编辑软件 GoldWave、Cool Edit 和全能音频转换通等。

① 全能音频转换通

全能音频转换通是一款当前非常流行的音/视频文件格式转换软件，它支持目前所有流行的媒体文件格式（MP3 /MP2 /OGG /APE /WAV /WMA /AVI /RM /RMVB /ASF/MPEG/DAT），并能批量转换。更为强大的是，该软件能从视频文件中分离出音频流，并将其转换成完整的音频文件。典型的应用如 WAV 转 MP3、MP3 转 WMA、WAV 转 WMA、RM(RMVB)转 MP3、AVI 转 MP3、RM(RMVB)转 WMA 等。它也可以从整个媒体中截取出部分时间段，转成一个音频文件，或者将几个不同格式的媒体转换并连接成一个音频文件。自定义的各种质量参数可以满足各种不同的需要。

② GoldWave

GoldWave 这个音频编辑软件是由 Chris Craig 于 1997 年开始开发的，是一个集声音编辑，播放、录制和转换于一体的音频工具，是标准的绿色软件，不需要安装且体积小巧（压缩后只有 0.7 MB），将压缩包的几个文件释放到硬盘下的任意目录里，直接单击 GoldWave.exe 图标就开始运行了。可打开的音频文件相当多，包括 WAV、OGG、VOC、AIF、AFC、AU、SND、MP3、VOX、AVI、MOV、APE 等格式的音频文件，也可以从 CD、VCD、DVD 或其他视频文件中提取声音。该软件内含丰富的音频处理特效，从一般特效如多普勒、回声、混响、降噪到高级的公式计算（利用公式在理论上可以产生任何想要的声音）。

选择“文件”菜单中的“打开”命令，指定一个将要进行编辑的文件，GoldWave 马上显示出这个文件的波形状态和软件运行主界面，如图 5.11 所示。

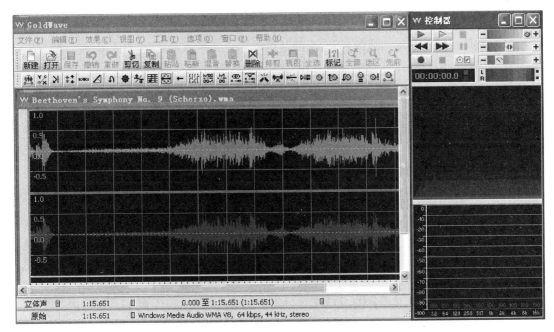

图 5.11   GoldWave

整个主界面分为 4 个部分。最上面是菜单栏和快捷工具栏,中间是波形显示,下面是文件属性,右面是控制器。主要操作集中在占屏幕比例最大的波形显示区域内,如果是立体声文件,则分为上、下两个声道,可以分别或统一对它们进行操作。

③ Cool Edit

Cool Edit 也是在国内具有广泛的用户群和较高人气的一个录音软件。它的优势在于集合了单轨录音和多轨录音两种模式(尽管一些多轨录音软件也可以进行单轨音频编辑,但却没有 Cool Edit 来得方便),也就是说通过简单的一个按钮就可以进行单轨和多轨模式的切换,并且在两方面都做得十分出色。不少用 Flash 设计动画和用 Authorware 制作多媒体光盘的用户喜欢用 Cool Edit 进行音效处理和人声录制。

2. 计算机合成声音

(1) 语音合成

语音合成(speech synthesis)是运用语言学和自然语言相关知识,使计算机模仿人的发声,自动生成语音的过程。目前主要是按照文本(书面语言)进行语音合成,这个过程称为文语转换(Text-To-Speech,TTS),其过程如图 5.12 所示。

图 5.12   语音合成过程

计算机语音合成主要应用于:股票交易、航班动态查询、电话报税等业务;有声 E-mail 服务;CAI 课件或游戏解说词的自动配音;文稿校对、语言学习、语音秘书、自动报警、残疾人服务等。

(2) 音乐合成

音乐是使用乐器演奏而成的,而音乐的基本单元是一些音符,音符具有音调、音色、音强和旋律等属性。所以在计算机中合成音乐时要模仿许多乐器生成各种不同音色的音符,要实现这一功能必须有一个称为音乐合成器(music synthesizer)的部件,即音源,一般 PC 的声卡都带有音源。

MIDI 是计算机中描述乐谱的一种标准描述语言,规定了乐谱的数字表示方法(包括音符、定时、乐器等)和演奏控制器、音源、计算机等相互连接时的通信规程。MIDI 音乐的制作与播放如图 5.13 所示。

图 5.13　MIDI 音乐的制作与播放过程

5.4　数字视频及应用

视频是将一组图像序列按时间顺序的动态连续的显示,利用人类视觉暂留(视觉惰性)的原理,使人眼产生运动的错觉。视频也可分为模拟视频和数字视频两种。模拟视频指的是视频的记录、存储和传输均以模拟信息的形式进行。通常在传统老式电视机上看到的视频、摄像机录制的视频都是模拟视频。数字视频是以数字信号方式来表示、存储、处理和传输的视频信息。因此,要使计算机能够对视频进行处理,必须把模拟视频信号进行数字化,形成数字视频信号。

5.4.1　数字视频的获取

数字视频与模拟视频相比有很多优点。例如,以离散的数字信号形式记录视频信息,使得视频在复制和传输时不会造成质量下降;用数字化设备编辑处理,使其更易于进行编辑修改;通过数字化宽带网络传播有利于传输,存储在数字存储媒体上更利于资源的节省。

从模拟设备中获取数字视频:首先是提供模拟视频输出的设备;然后是可以对模拟视频信号进行采集的设备;最后,是接收和记录编码后的数字视频数据的设备。提供模拟视频输出的设备有录像机、摄像机、电视机等。对模拟视频信号进行采集、量化和编码的设备由视频采集卡来完成。最后,由计算机接收和记录编码后的数字视频数据。

在这一过程中起主要作用的是视频采集卡,如图 5.14 所示。它不仅提供接口以连接模拟视频设备和计算机,而且具有把模拟信号转换成数字信号的功能。视频采集卡是安装在计算机扩展槽上的一个板卡。它可以汇集多种视频源的信息,对被捕捉和采集到的模拟视频进行数字化、冻结、存储、输出及其他处理操作,如编辑、修整、裁剪、按比例绘制、像素显示调整、缩放、压缩等。视频采集卡一般都配有硬件驱动程序以实现 PC 对视频采集卡的控制和数据通信。根据不同的视频采集

图 5.14　视频采集卡

卡所要求的操作系统环境,各有不同的驱动程序。只有把采集卡插入了 PC 的主板扩展槽并正确安装了驱动程序以后才能正常工作,如图 5.15 所示。

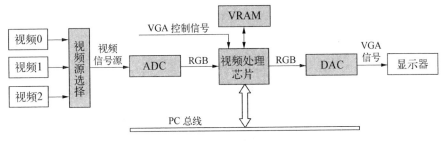

图 5.15　视频采集卡工作原理图

摄像头(Camera)是一种可以在线获取数字视频的设备,它利用光电技术采集影像,然后通过内部电路转换成能够被计算机所处理的数字信号,作为一种视频输入设备,摄像头被广泛运用于视频会议、远程医疗及实时监控等方面。

数字摄像机就是 DV(Digital Video)。数码摄像机进行工作的基本原理简单说就是光—电—数字信号的转变与传输,通过感光元件将光信号转变成电流,再将模拟电信号转变成数字信号,并由专门的芯片进行处理和过滤后得到视频信息。数字摄像机以数字形式记录视频信号,如能通过接口卡与 PC 相连接,将信号输入计算机硬盘,就可方便地进行摄像后编辑和多种特技处理,既可获取在线视频,又可获取离线视频。按使用用途可分为:广播级机型、专业级机型、消费级机型;按存储介质可分为:光盘式、硬盘式、存储卡式等。

5.4.2　数字视频的压缩编码及常见格式

1. 电视视频与数字视频

自从电视机问世以来,视频技术的研究与应用已有几十年的历史。对于电视系统中的模拟视频制式,世界上主流的有:PAL(欧洲、中国)、NTSC(北美、日本)和 SECAM(法国)。随着数字技术的快速发展以及互联网的广泛应用,多媒体数字视频技术已经成了当前视频技术的发展重心。

由于数字视频在未进行压缩处理前具有庞大的数据量,不利于传输和存储。因此数据视频同样也需要进行压缩编码。视频压缩比是指压缩前后的数据量之比。由于视频是连续的图像序列,而图像序列本身即是静止图像,因此视频与静态图像的压缩算法有某些共通之处。但运动的视频也有它独有的特点,因此在压缩时还要考虑其运动特性,这样才能进行高效高质地压缩。

目前,常用的国际压缩编码的标准包括 MPEG1、MPEG2、MPEG4、H.263-H.265 等等。这些标准的制定和颁布,极大地促进了数字视频压缩与编码技术的研究和实用化。

MPEG-1 标准以约 1.5Mbps 的数据率储存媒体运动图像及其伴音的编码。常见于 VCD,可携式 MPEG-1 摄像机等。MPEG-2 压缩标准是针对标准数字电视和高清电视在各种应用下的压缩方案,特别适用于广播级的数字电视的编码和传送,MPEG-2 的用途最为广泛,可常见于 DVD、卫星电视、数字有线电视中。

MPEG-4 标准不仅可以提供高效压缩,同时也可以更好地实现与多媒体内容之间的互动及全方位的存取,它采用开放性的编码系统,可以随时加入新的编码算法模块,同时也可以根据不同应用需求现场配置解码器,以支持多种多样的多媒体应用。

2. 视频文件的常见格式

视频文件的常见格式主要包括 AVI、ASF、RM、RMVB、MOV、DAT、FLIC、MPEG、DivX、WMV 等。

（1）AVI 格式

AVI(Audio Video Interleaved)是一种音频视像交错记录的数字视频文件格式。1992年初,微软公司推出了 AVI 技术及其应用软件 VFW(Video for Windows)。在 AVI 文件中,运动图像和伴音数据以交错的方式存储,并独立于硬件设备。按这种方式组织音频和视像数据可使得读取视频数据流时能更有效地得到连续的信息。AVI 格式的视频文件在获取、编辑以及播放音频/视频流的应用软件中被广泛使用,对压缩方法没有限制,分非压缩和压缩两种格式,前者通用性很好,但文件庞大,后者压缩比大时,画面质量不太好,最大的缺点是不适合在网络上对视频流的实时播放。

（2）ASF 格式

ASF(Advanced Streaming Format)是由微软公司推出的一种高级流媒体格式,是针对AVI 文件的网络实时播放缺陷开发的,因此是一个可以在 Internet 上实现实时播放的标准,可以直接使用 Windows 自带的 Windows Media Player 对其进行播放。它使用了 MPEG-4的压缩算法,压缩率和图像的质量都很不错。ASF 应用的主要部件是服务器和 NetShow 播放器,由独立的编码器将媒体信息编译成 ASF 流,然后发送到 NetShow 服务器,再由NetShow 服务器将 ASF 流发送给网络上所有的 NetShow 播放器,从而实现单路广播、多路播放的特性,这种原理基本上和 RealPlayer 系统相同。ASF 格式可以应用于互联网上视频直播(WebTV)、视频点播(VOD)、视频会议等,它的主要优点有:本地或网络回放、可扩充的媒体类型、部件下载以及良好的可扩展性。

（3）RM 和 RMVB 格式

RM(Real Media)格式是 Real Networks 公司开发的一种流媒体视频文件格式,主要包含 Real Audio、Real Video 和 Real Flash 3 个部分。Real Media 的特点是可根据网络带宽制定不同的压缩比率,即使是在低速的网络上进行视频文件的实时传送和播放也能保证质量,因此在互联网技术还不够发达的年代得到了广泛的应用,但随着其他流媒体技术的发展,RM 逐渐退出市场。

RMVB 格式是一种由 RM 视频格式升级延伸出的视频格式,它与 RM 视频相比的先进之处在于打破了原先那种平均压缩取样的方式,在保证平均压缩比的基础上,对静止或相对变化较少的画面采用较低的编码速率,而为出现快速运动的画面提供较高的编码速率。这样就可在保证了静止画面质量的前提下,大幅度提高运动图像的画面质量。

（4）MOV 格式

MOV 文件原是美国 Apple 公司开发的一种视频格式,默认的播放器是 Apple 公司的QuickTime Player,也使用有损压缩技术以及音频信息与视频信息混排技术,具有较高的压缩比率和较完美的视频清晰度等特点,但是其最大的特点还是跨平台性,即不仅能支持 Mac操作系统,同样也能支持 Windows 操作系统。一般认为 MOV 格式文件的图像质量较 AVI

格式的要好。

(5) DAT 格式

DAT 文件是一种为 VCD 及卡拉 OK CD 专用的视频文件格式,采用 MPEG-1 标准进行压缩。计算机配备视频卡或安装解压缩程序(如超级解霸)就可以进行播放。

(6) FLIC 格式

FLIC 文件采用的是无损压缩方法,画面效果十分清晰,在人工或计算机生成的动画方面使用该格式较多。播放这种格式的文件一般需要 Autodesk 公司提供的 MCI(多媒体控制接口)驱动和相应的播放程序 AAPlay。

(7) MPEG 格式

运动图像专家组(Moving Picture Expert Group,MPEG)格式,家里常看的 VCD、SVCD、DVD 就是这种格式。MPEG 文件格式是运动图像压缩算法的国际标准,它采用了有损压缩方法从而减少运动图像中的冗余信息。MPEG 的压缩方法说得更加深入一点就是保留相邻两幅画面绝大多数相同的部分,而把后续图像中和前面图像有冗余的部分去除,从而达到压缩的目的。目前 MPEG 格式有 3 个压缩标准,分别是 MPEG-1、MPEG-2 和 MPEG-4。

(8) DivX 格式

DivX 格式是由 MPEG-4 衍生出的另一种视频编码(压缩)标准,即通常所说的 DVDrip 格式。它采用了 MPEG-4 的压缩算法,同时又综合了 MPEG-4 与 MP3 各方面的技术,通俗地说,就是使用 DivX 压缩技术对 DVD 盘片的视频图像进行高质量压缩,同时用 MP3 或 AC3 对音频进行压缩,然后再将视频与音频合成并加上相应的外挂字幕文件而形成的视频格式。其画质直逼 DVD 并且体积只有 DVD 的数分之一。

(9) WMV 格式

WMV(Windows Media Video)也是微软公司推出的一种采用独立编码方式并且可以直接在网上实时观看视频节目的文件压缩格式。WMV 格式的主要优点有:本地或网络回放、可扩充的媒体类型、可伸缩的媒体类型、多语言支持、环境独立性、丰富的流间关系以及扩展性等。

本章小结

本章通过对文本、数字声音、图形、图像、数字视频及处理等内容的介绍,详细阐述了与数字媒体相关的基本知识。当前,数字媒体的发展不仅仅是互联网和 IT 行业的事情,它将成为全产业未来发展的驱动力。展望未来,数字媒体的发展将通过影响消费者行为深刻地影响各个领域的发展,消费业、制造业等都受到来自数字媒体的强烈冲击。数字媒体将成为集公共传播、信息、服务、文化娱乐、交流互动于一体的多媒体信息终端。

习题与自测题

一、判断题

1. JPEG 是目前因特网上广泛使用的一种图像文件格式,它可以将许多张图像保存在同一个文件中,显示时按预先规定的时间间隔逐一进行显示,从而形成动画的效果,因而在

网页制作中大量使用。　　　　　　　　　　　　　　　　　　　　　　　( )

2. UCS/Unicode 中的汉字编码与 GB2312-80、GBK 标准以及 GB18030 标准都兼容。

( )

3. Windows 平台上使用的 AVI 是一种音频/视频文件格式,AVI 文件中存放的是未被压缩的音视频数据。　　　　　　　　　　　　　　　　　　　　　( )

4. 声卡中的数字信号处理器(DSP)在完成数字声音编码、解码及编辑操作中起着重要的作用。　　　　　　　　　　　　　　　　　　　　　　　　　( )

5. 视频信号数字化时,亮度信号的取样频率可以比色度信号的取样频率低一些,以减少数字视频的数据量。　　　　　　　　　　　　　　　　　　　　( )

二、选择题

1. 对 GB2312 标准中的汉字而言,下列_____码是唯一的。

A. 输入码　　　　B. 输出字形码　　　　C. 机内码　　　　D. 数字码

2. 静止图像压缩编码的国际标准有多种,下面给出的图像文件类型采用国际标准的是_____。

A. BMP　　　　B. JPG　　　　C. GIF　　　　D. TIF

3. 声音信号的数字化过程有采样、量化和编码三个步骤,其中第二步实际上是进行_____转换。

A. A/A　　　　B. A/D　　　　C. D/A　　　　D. D/D

4. 视频(video)又叫运动图像或活动图像(motion picture),以下对视频的描述错误的是_____。

A. 视频内容随时间而变化

B. 视频具有与画面动作同步的伴随声音(伴音)

C. 视频信息的处理是多媒体技术的核心

D. 数字视频的编辑处理需借助磁带录放像机进行

5. 图像压缩编码方法很多,以下_____不是评价压缩编码方法优劣的主要指标。

A. 压缩倍数的大小　　　　　　　　B. 压缩编码的原理

C. 重建图像的质量　　　　　　　　D. 压缩算法的复杂程度

6. 为了与使用数码相机、扫描仪得到的取样图像相区别,计算机合成图像也称为_____。

A. 位图图像　　　　　　　　　　B. 3D图像

C. 矢量图形　　　　　　　　　　D. 点阵图像

7. 下列_____图像文件格式是微软公司提出在 Windows 平台上使用的一种通用图像文件格式,几乎所有的 Windows 应用软件都能支持。

A. GIF　　　　B. BMP　　　　C. JPG　　　　D. TIF

8. 下列汉字输入方法中,属于自动识别输入的是_____。

A. 把印刷体汉字使用扫描仪输入,并通过软件转换为机内码形式

B. 键盘输入

C. 语音输入

D. 联机手写输入

9. 下列说法中错误的是_____。

A. 计算机图形学主要是研究使用计算机描述景物并生成其图像的原理、方法和技术

B. 用于描述景物形状的方法有多种

C. 树木、花草、烟火等景物的形状也可以在计算机中进行描述

C. 利用扫描仪输入计算机的机械零件图是矢量图形

10. 在数字音频信息获取过程中,正确的顺序是_____。

A. 模数转换、采样、编码　　　　　　B. 采样、编码、模数转换

C. 采样、模数转换、编码　　　　　　D. 采样、数模转换、编码

三、填空题

1. 黑白图像或灰度图像只有_____个位平面,彩色图像有 3 个或更多的位平面。

2. 计算机按照文本(书面语言)进行语音合成的过程称为_____,简称 TTS。

3. 模拟视频信号要输入 PC 机进行存储和处理,必须先经过数字化处理。协助完成视频信息数字化的插卡称为_____。

4. 为了在因特网上支持视频直播或视频点播,目前一般都采用_____媒体技术。

5. DVD-Video 采用_____标准,把高分辨率的图像经压缩编码后存储在高密度的光盘上。

【微信扫码】
相关资源 & 习题解答

第6章 信息系统与数据库

随着信息技术的发展,信息已经成为社会上各行各业的重要资源。数据是信息的载体,数据库是互相关联的数据集合。数据库能利用计算机保存和管理大量复杂的数据,快速而有效地为多个不同的用户和应用程序提供数据,帮助人们有效利用数据资源。以数据处理为研究对象的数据库技术自 20 世纪 60 年代中期产生以来,无论是在理论方面还是在应用方面都已变得相当重要和成熟,成了计算机科学的重要分支。数据库技术是计算机领域发展最快的学科之一,也是应用很广、实用性很强的一门技术。目前,数据库技术已从第一代的网状、层次数据库系统,第二代的关系数据库系统,发展到以面向对象模型为主要特征的第三代数据库系统。

计算机技术的飞速发展及其应用领域的扩大,特别是计算机网络和因特网的发展,基于计算机网络和数据库技术的管理信息系统和各类应用得到了突飞猛进的发展。如事务处理系统(TPS)、地理信息系统(GIS)、联机分析系统(OLAP)、决策支持系统(DSS)、企业资源计划(ERP)、客户关系管理(CRM)、数据仓库(DW)及数据挖掘(DM)等系统都是以数据库技术作为其重要的支撑的。可以说,只要有计算机的地方,就在使用数据库技术。因此,数据库技术的基本知识和基本技能正在成为信息社会人们的必备知识之一。

本章介绍数据、数据库和数据模型的基本概念、数据库系统基本原理、典型的医学数据库系统和数据库新技术。

6.1 计算机信息系统

6.1.1 信息系统的定义

信息系统以提供信息服务为主要目的,以数据密集和人机交互操作为特点的计算机应用系统。

6.1.2 信息系统的特点

(1) 数据量大。海量信息,数据密集型。

(2) 持久性。不随程序运行的结束而消失。永久保存在硬盘或光盘等辅助存储器中,而非内存储器中。

（3）共享性。数据为许多应用程序或用户共享。

（4）还提供多种信息服务（信息检索、统计报表、分析、控制、预测、决策等）。

6.1.3 信息系统的层次

如图 6.1 所示，信息分为三个层次且包括一个支撑层。

（1）资源管理层。包括各种类型的数据信息，以及实现信息采集、存储、传输、存取和管理的各种资源管理系统，主要有数据库、数据库管理系统和目录服务系统等。

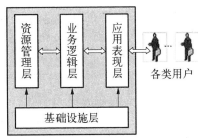

图 6.1 信息系统三层结构

（2）业务逻辑层。由实现各种业务功能、流程、规则、策略等应用业务的一组程序代码构成。

（3）应用表现层。其功能是通过人机交互方式，将业务逻辑和资源紧密结合在一起，并以直观形象的形式向用户展现信息处理的结果。

（4）基础设施层。为上述三层提供支持和服务，包括软硬件、网络环境等。

6.2 数据库系统

6.2.1 数据管理技术的发展

数据库系统（Database System，DBS）是由数据库（Database，DB）和数据库管理系统（Database Management System，DBMS）所组成的。其中数据库是长期存储在计算机内、有组织、可共享的数据集合。数据在数据库内必须按一定的方式（称为数据模型）进行组织、描述和存储。一个良好的数据组织应具有较小的冗余度，较高的数据独立性和易扩展性，并能被多个用户同时共享。

信息和数据的概念在计算机信息处理中既有区别又有联系。通过采集和输入信息，将信息以数据的形式存储到计算机系统，并对数据进行编辑、加工、分析、计算、解释、推论、转换、合并等操作，最终向人们提供多种多样的信息服务。随着计算机技术的发展以及数据处理量的增长，数据管理技术也在不断地发展。如表 6.1 所示，根据提供的数据独立性、数据共享性、数据完整性、数据存取等水平的高低，计算机数据管理技术的发展可以分为三个阶段。

表 6.1 数据技术发展的三个阶段

	特点	注释
人工管理阶段	数据依附应用程序，数据独立性差，数据不能共享	工程师直接操纵数据，指令和数据由工程师来区分，想象一下机器语言和汇编语言。十六进制数是二进制数的助记符，汇编语言是机器语言的助记符

(续表)

	特点	注释
文件管理阶段	数据以独立于应用程序的文件来存储,实现了一定限度内的数据共享 数据独立性差、数据冗余度大、数据处理效率低、数据安全性、完整性得不到控制,数据是孤立的	也叫文件系统阶段,数据可以以文件形式长期存储在辅助存储器中;程序与数据之间具有相对的独立性,即数据不再属于某个特定的应用程序,可以重复使用;数据文件组织已呈多样化,有索引文件、连接文件、直接存取文件等。但是由于文件的结构多样,数据冗余比较大,不利于统一管理
数据库管理阶段	采用数据模型表示复杂的数据结构。数据模型不仅描述数据本身的特征,还要描述数据之间的联系 数据结构化,数据独立性强、冗余度小、安全可靠,数据共享,数据统一管理和控制	数据不再面向特定的某个应用,而是面向整个应用系统,且数据冗余明显减少(不能为零),可实现数据共享。有较高的数据独立性 数据的结构分为逻辑结构(二维表)与物理结构/存储结构(数据库文件),用户以简单的逻辑结构操作数据,而无须考虑数据的物理结构。 数据库技术是当今信息技术中应用最广泛的技术之一

6.2.2　数据库系统

数据库系统 DBS 是有组织地、动态地存储大量关联数据以便用户访问的,计算机软硬件资源组成的具有管理数据库功能的计算机系统。

1. 数据库系统的组成

如图 6.2 和图 6.3 所示,数据库系统由三部分组成。

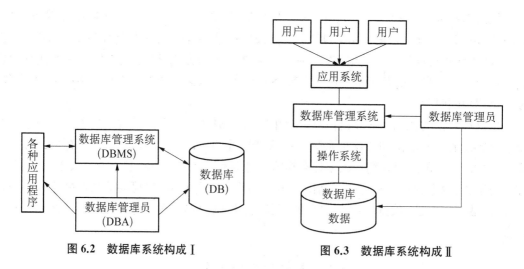

图 6.2　数据库系统构成Ⅰ　　　　图 6.3　数据库系统构成Ⅱ

(1) 数据库(Database,DB)是长期存储在计算机内、有组织、可共享的数据集合。数据在数据库内必须按一定的方式(称为数据模型)进行组织、描述和存储。一个良好的数据组织应具有较小的冗余度,较高的数据独立性和易扩展性,并能被多个用户同时共享。

(2) 数据库管理系统(Database Management System,DBMS)是用于建立、使用和维护数据库的系统软件。整个数据库的建立、运用和维护由数据库管理系统统一管理、统一控制,以保证数据库的安全性和完整性。用户通过 DBMS 访问数据库中的数据,能方便地定义数据和操纵数据,并保证数据的安全性、完整性、多用户对数据的并发使用及发生故障后的数据恢复。

(3) 数据库管理员(DBA)用来解决系统设计、运行中出现的问题,并对数据库进行有效管理和控制的专门机构(或人员)。数据库管理员也通过 DBMS 进行数据库的维护工作。

2. 数据库系统的特点

(1) 数据结构化(描述数据及数据之间的联系)。

(2) 数据共享性高,冗余度低(无法实现零冗余)。

(3) 数据独立于程序;统一管理和控制数据;系统灵活利于扩充;具有良好的用户接口。

3. 数据库系统的三级体系结构

如图 6.4 所示,为了实现数据库的独立性,便于数据库的设计和实现,数据库系统的结构被定义为三级模式结构。

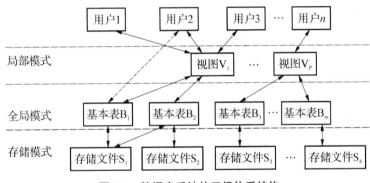

图 6.4 数据库系统的三级体系结构

(1) 局部模式(用户模式、外模式、子模式、单个用户的视图、全局模式的子集)是数据的局部逻辑结构,也是数据库用户看到的数据视图。用户可以用 SQL 语言对基本表和视图进行查询。

(2) 全局模式(模式、概念模式、逻辑模式、全体用户的公共视图)是数据库中全体数据的全局逻辑结构和特征的描述,也是所有用户的公共数据视图。

(3) 存储模式(内模式、存储视图)是数据在数据库中的内部表示,即数据的物理结构和存储方式的描述。

应用系统的全局模式对应于基本表,其存储结构对应于存储文件,面向用户的局部关系模式只要对应于视图或部分基本表。局部模式与全局模式之间形成逻辑独立性,存储模式和全局模式之间形成物理独立性。

(1) 逻辑独立性。用户应用程序中的数据结构独立于数据库中的逻辑结构,不存在相互依赖关系。系统中数据逻辑结构发生改变不影响应用程序。

(2) 物理独立性。用户的应用程序独立于数据库中数据的实际物理存储形式,数据的物理存储改变也不影响用户的应用程序。

4. 数据访问的模式

表 6.2　两种数据库访问方式的对比

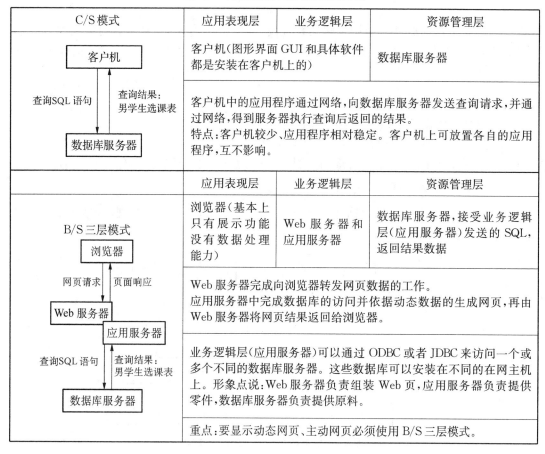

C/S模式	应用表现层	业务逻辑层	资源管理层
客户机 查询SQL 语句　查询结果:男学生选课表 数据库服务器	客户机(图形界面 GUI 和具体软件都是安装在客户机上的)		数据库服务器
	客户机中的应用程序通过网络,向数据库服务器发送查询请求,并通过网络,得到服务器执行查询后返回的结果。 特点:客户机较少、应用程序相对稳定。客户机上可放置各自的应用程序,互不影响。		
	应用表现层	**业务逻辑层**	**资源管理层**
B/S 三层模式 浏览器 网页请求　页面响应 Web 服务器 应用服务器 查询SQL 语句　查询结果:男学生选课表 数据库服务器	浏览器(基本上只有展示功能没有数据处理能力)	Web 服务器和应用服务器	数据库服务器,接受业务逻辑层(应用服务器)发送的 SQL,返回结果数据
	Web 服务器完成向浏览器转发网页数据的工作。 应用服务器中完成数据库的访问并依据动态数据的生成网页,再由 Web 服务器将网页结果返回给浏览器。		
	业务逻辑层(应用服务器)可以通过 ODBC 或者 JDBC 来访问一个或多个不同的数据库服务器。这些数据库可以安装在不同的在网主机上。形象点说:Web 服务器负责组装 Web 页,应用服务器负责提供零件,数据库服务器负责提供原料。		
	重点:要显示动态网页、主动网页必须使用 B/S 三层模式。		

6.2.3　数据库的设计和数据的抽象

1. 数据库设计

数据库设计一般分为四步:需求分析、概念设计、逻辑设计和物理设计。通常采用结构化思想的"自顶向下、逐步求精"的设计原则。

2. 数据的抽象

如图 6.5 所示,数据的抽象也称为信息的转化,过程分为三个阶段:首先将现实世界中客观的事物抽象为信息世界中的实体,然后再转换为 DBMS 支持的数据世界中的数据。

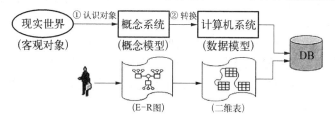

图 6.5　数据模型的三层抽象

3. 数据模型

数据模型(data model)是描述、组织和访问(利用)数据的方法。数据模型是在数据库领域中定义数据及其操作的一种抽象表示。

数据模型可以由三个部分组成:

(1) 实体及实体间联系的数据结构描述。

(2) 对数据(表示实体和联系的)的操作。

(3) 数据的完整性约束条件。

如图 6.6 所示根据适用对象的不同、数据模型可以分为两类:

(1) 面向客观世界、面向用户的称为概念数据模型(简称"概念模型"),这类数据模型描述用户和设计者都能理解的信息结构,强调其表达能力和易理解性,如 E-R 模型。

(2) 面向数据库管理系统的,用以刻画实体在数据库中的存储形式,称为逻辑数据模型(简称"数据模型"),如层次模型、网状模型、关系模型、面向对象模型(数据模型我们只研究关系模型)。

图 6.6 中的实体模型就是图 6.7 中的概念数据模型。

图 6.6 三个世界的抽象

特别注意:

(1) 逻辑数据模型简称数据模型不要混淆。

(2) 概念数据模型简称概念模型,如 E-R 模型(实体关系模型)。

6.2.4 概念数据模型

概念模型是从用户的观点和视角对数据建模,是对现实世界的第一层抽象,是用户和数据库设计人员之间的交流工具。长期以来,在数据库设计中广泛使用的概念模型当属"实体—联系"模型(Entity-Relationship Model,E-R 模型)。

1. E-R 模型

实体—联系方法(Entity-Relationship,E-R)中包含三部分内容:

(1) 实体。实体(entity)是客观存在、可以互相区别的事物。实体可以是具体的对象(例如一位学生、一本书),也可以是抽象的对象(例如一次考试、一场比赛)。

(2) 属性。对事物特征的抽象和描述,每个属性都有各自对应的数据类型和取值范围(值域)。能够唯一标识实体的属性或者属性组(不止一个)称为是实体主键。例如:学号,身份证号。

(3) 联系。联系(relationship)是实体集之间关系的抽象表示。分为:一对一关系(1∶1)、一对多关系(1∶n)、多对多关系(m∶n)。

2. E-R 图

如图 6.7 所示即为 E-R 图,它是描述现实世界关系概念模型的有效方法,是表示概念关系模型的一种方式。用"矩形框"表示实体型,矩形框内写明实体名称;用"椭圆框"表示实体的属性,并用"实心线段"将其与相应关系的"实体型"连接起来;用"菱形框"表示实体型之间的联系成因,在菱形框内写明联系名,并用"实心线段"分别与有关实体型连接起来,同时在"实心线段"旁标上联系的类型(1∶1,1∶n 或 m∶n)。

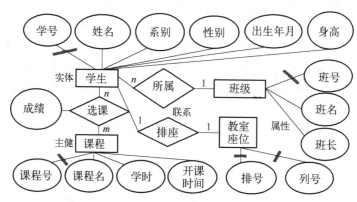

图 6.7　学籍管理系统的 E-R 图

(1) 矩形框——实体集。

(2) 菱形框——联系。

(3) 椭圆(圆形)——属性。

(4) 加斜杠线属性——主键。

由于建模最终目的是按计算机系统所支持的数据模型来组织数据,所以我们还需要进一步地抽象,将概念模型表述的数据转化为数据模型,这个转化的过程就叫作逻辑数据模型。

6.2.5　关系数据模型

1. 关系模式

关系模型以关系代数理论为基础。关系是以二维表结构来表示实体集与其实体之间的联系。(两个)关系的本质是实体集,关系的表现形式是二维表。由于数据库的数据不断变化,所以关系是动态的。关系的首行称为"属性"(字段),其他各行称为"元组"(记录)。

关系模式:属性的个数和类型(域),二维表的结构,在数据库使用过程中一般是不变的,所以关系模式是静态的。

关系模型是关系模式的集合,它一般有三个组成部分:

(1) 数据结构。数据库中所有数据及其互相联系都被组织成关系(二维表)的形式。

(2) 数据操作。提供一组完备的关系运算(包括关系代数、关系演算),以支持对数据库的各种操作。

（3）完整性规则。包括域完整性规则、实体完整性规则、参照完整性规则和用户定义的完整性规则等。

注意：关系（二维表）本质上代表的是数据集合（实体集），所以针对它的操作一般也都是集合操作（关系的本质是数据集合，数据随时处于变化（增长）之中，是动态的）。

关系模式的一般描述形式：R(A₁,A₂,…,Aᵢ,…,Aₙ)。其中 R 为关系模式名（二维表名），A_i(1≤i≤n)是属性名。

例：C(<u>CNO</u>,CNAME,LHOUR,SEMESTER)。其中表名为 C；属性为 CNO、CNAME等；关键字为 CNO。

注意：关系模式本质上代表了数据的组织方式。且并不是每个符合语法的元组都能成为关系 R 的元组，它还要受到语义的限制；数据的语义不但会限制属性的值，而且还会制约属性间的关系。

2. 关系数据模型的性质

（1）每一列的数据来自同一个域（属于同一种数据类型、取值范围）。

（2）每一列有唯一的字段名。

（3）不允许出现完全相同的行。

（4）行列的顺序是无所谓的（即行列的顺序不影响数据操作）。

（5）关系模式的所有属性都是不可分的基本数据项。

3. 关键字

关键字的理解要把握分类和递进的定义。

唯一标识：按照集合中不允许出现相同元素的性质和内在要求，二维表中也不允许出现相同的记录。因此，一张表中的一列属性或若干列属性的组合中的数据能够把所有记录区分开来（这些数据的取值不会产生重复），即取值可以唯一确定一条记录。

超关键字：二维表中能唯一标识一条记录的一列属性或几列属性组被称为"超关键字"（superkey）。显然，二维表的全体字段必然构成它的一个超关键字。超关键字虽然能唯一标识一条记录，但是它所包含的属性列可能有多余的。一般希望用最少的属性列来唯一确定记录。如果是用单一的属性列构成关键字，则称其为"单一关键字（singlekey）"；如果是用两个或两个以上的属性列构成关键字，则称其为"合成关键字（compositekey）"。注意：只要能唯一标示就是超关键字；一个关系中可以有多个超关键字；超关键字的属性组中可以有多余属性。

候选关键字：如果一个超关键字，去掉其中任何一个属性列后不再能唯一标识一条记录，则称它为候选关键字（candidatekey）。注意：候选关键字没有多余的属性了；一个关系中可以有多个候选关键字。

主关键字：从二维表的候选关键字中，选出一个可作为主关键字（primarykey）。注意：只有一个，其他方面的性质和候选关键字相同。

注意以上三者的递进定义关系。

外部关键字：当一个二维表（A 表）的主关键字被包含到另一个二维表（B 表）中时，它就称为 B 表的外部关键字（foreignkey）。例如，在学生表中，"学号"是主关键字，而在成绩表中，"学号"便成了外部关键字。外部关键字一定是对应主表的主关键字的。

4. 索引

索引是对数据表中一列或多列的值进行排序后再组织的一种结构,使用索引可快速访问数据库表中的特定信息。特别注意:索引的目的是排序,关键字的作用是唯一标示和联接。

将关键字和索引结合起来就有了主索引(对应主关键字)、候选索引(对应候选关键字)、普通索引(有可能有重复,不对应关键字,单纯为了排序)和唯一索引(普通索引把重复的去掉只保留一个,和关键字已经没关系了,只是排序)。

5. 辨析基本术语对照

如表 6.3 所示细节对比(从不同的角度看同一个东西说法上的区别)。

表 6.3　相似概念的对比

关系数据模型视角	程序员视角(文件系统)	用户视角
关系模式	文件结构	二维表结构
关系	文件	二维表
元组	记录	行
属性	字段	列

6. 关系操作和关系运算

关系运算有两类:

一类是传统的集合运算(并、差、交等);另一类是专门的关系运算(选择、投影、联接)。对参与这些运算的关系的关系模式是有要求和条件的,比如进行并、差、交运算的两个关系必须具有相同的关系模式,即两个关系的关系模式相容。

(1) 传统的集合操作

并:R∪S,生成的新关系的元组由属于 R 的元组和属于 S 的元组共同组成。

差:R-S,生成的新关系,其元组由属于 R,但不属于 S 的元组组成。

交:R∩S,生成的新关系,其元组由既属于 R 又属于 S 的元组组成。

(2) 专门的关系运算(选择、投影、联接)

选择:从关系中选择满足条件的元组组成一个新关系,如图 6.8 所示。

编号	系名	姓名	性别	出生年月
03004	计算机系	韩东	男	1979.10.10
02001	外语系	刘玲	女	1979.08.02
03001	计算机系	王冬	男	1978.08.07
04001	数学系	姜瑞青	男	1981.06.02
05001	电子工程系	翁超雷	男	1980.08.10
05002	电子工程系	田茉莉	女	1976.09.02
03002	计算机系	宋江明	男	1981.01.03
03003	计算机系	邵林文贺	女	1979.05.04

选择↓

编号	系　名	姓　名	性别	出生年月
03004	计算机系	韩东	男	1979.10.10
03001	计算机系	王冬	男	1978.08.07
03002	计算机系	宋明	男	1981.01.03
03003	计算机系	邵林文贺	女	1979.05.04

图 6.8　选择操作

投影:从关系的属性中选择属性列,由这些属性列组成一个新关系,如图 6.9 所示。

编 号	系 名	姓 名	性 别	出生年月
03004	计算机系	韩 东	男	1979.10.01
02001	外语系	刘 玲	女	1979.08.02
03001	计算机系	王 冬	男	1978.08.07
04001	数学系	姜瑞青	男	1981.06.02
05001	电子工程系	翁超雷	男	1980.08.10
05002	电子工程系	田茉莉	女	1976.09.02
03002	计算机系	宋江明	男	1981.01.03
03003	计算机系	邵林文贺	女	1979.05.04

投影

系 名	姓 名
计算机系	韩 东
外语系	刘 玲
计算机系	王 冬
数学系	姜瑞青
电子工程系	翁超雷
电子工程系	田茉莉
计算机系	宋江明
计算机系	邵林文贺

图 6.9 投影操作

连接:从关系 R 和 S 的广义笛卡尔积中选取共有属性值之间满足某一运算的元组,(特殊的等值连接,满足主关键字与外关键子数值相等的条件,即为自然连接)要求两个关系中进行比较的属性必须是相同的属性列,并且在结果中把重名的属性列去掉。这种连接一般都是主关键字对应外关键字,取值是笛卡尔积的子集,满足主关键字外关键字取值相同这个条件,如图 6.10 所示。

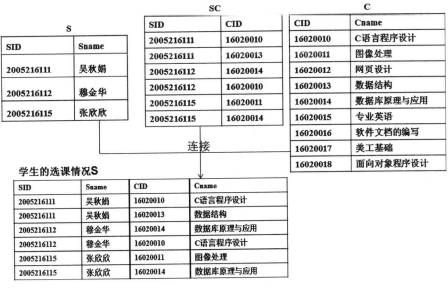

图 6.10 连接操作

7. 关系数据库语言

关系数据库语言是一种非过程语言。在对数据进行操作时,我们只需要知道数据的逻辑结构不需要知道他存储在哪里,怎样存储。进一步说明:SQL 语句只要描述最后希望得到的结果是什么样的,如何实现由数据库系统完成,也就是说这些数据来源哪里,怎么来的都不需要知道。

关系数据库语句是用户与数据库的接口,既可在联机交互方式下使用,又可嵌入到宿主语言中使用。关系数据库语言的代表是 SQL(Structured Query Language,结构化查询语言)。

支持 SQL 的 DBMS 产品有 Oracle、Sybase、DB2、SQLServer、MySQL、Access、VFP 等(基本上所有市面上的商用 DBMS 都是支持关系数据模型和 SQL 的)。

SQL 功能:

● 数据查询。

● 数据操作(操纵):对数据库中的数据进行查询、插入、修改和删除等操作。

● 数据定义(DDL)。

● 数据控制。

● 数据管理。

SQL 包括了所有对数据库的操作,用 SQL 语言可实现数据库应用过程中的全部活动。

(1)定义新的基本表(CREATE)

CREATE TABLE 表名(字段名 1(数据类型),字段名 2(数据类型)……)

举例:

CREATE TABLE 保研学生表(学号 char(12)not null,姓名 char(6),性别 char(2)……)

(2)数据查询

SQL 语言提供了 SELECT 语句进行数据库查询,其一次查询的结果可以是多个元组。

注意:一般认为,查询是一个提取数据的过程,查询的结果是一个视图,与实际存储数据的数据库表(基本表)不同,查询的来源可以是数据库表也可以是其他视图。视图除了不真实存储数据,其他的性质和用法与基本表完全相同。

基本形式如表 6.4 所示。

表 6.4　查询 SQL 语法细节

SELECT　[top n]A1[AS],A2,…,An(指出目标表的列名或列表达式序列,对应于投影)
FROM　R1,R2,…,Rm(指出基本表或视图序列,对应于连接)
[WHERE F]　(F 为条件表达式,对应于选择)
[GROUP BY G]
[ORDER BY H [dec]]

举例说明:

Select 姓名,课程名,成绩

From 学生表,成绩表,课程表

Where 学生表.学号 = 成绩表.学号 AND 课程表.课程代号 = 成绩表.课程代号 AND 成绩表.成绩 > = 90

含义:查询成绩大于 90 分的学生和课程清单,输出姓名、课程名和成绩。

本章小结

　　本章介绍了数据库理论的基本知识,包括数据库系统的产生和发展、相关概念及数据模型。重点对关系数据库系统进行了讲述,从关系数据结构、关系操作和关系完整性等方面进行了详细的介绍。对典型的医学数据库系统和数据库技术新发展也进行了简要的阐述。

　　对于关系数据库标准语言——SQL,从数据定义、查询等方面着手,介绍了 SQL 的基本应用。

　　作为医药类院校的学生,随着计算机及网络在医药卫生领域的普及,掌握相关的数据库知识是非常必要的。本章可以作为学习数据库知识的入门,如有更高层次的需求,可以参阅数据库相关的专业书籍。

习题与自测题

一、选择题

1. 数据库管理系统是位于(　　)之间的一层管理软件。

A. 硬件和软件　　　　　　　　　　B. 用户和操作系统

C. 硬件和操作系统　　　　　　　　D. 数据库和操作系统

2. 层次模型必须满足的一个条件是(　　)。

A. 每个结点均可以有一个以上的父结点　B. 有且仅有一个结点,无父结点

C. 不能有结点,无父结点　　　　　　D. 可以有一个以上的结点,无父结点

3. SQL 属于(　　)数据库语言。

A. 关系型　　　　　　　　　　　　B. 网状型

C. 层次型　　　　　　　　　　　　D. 面向对象型

4. Select 语句执行的结果是(　　)。

A. 数据项　　　　B. 视图　　　　C. 表　　　　D. 元组

5. 任何一个满足 2NF 的关系模式都不存在(　　)。

A. 主属性对码的部分依赖　　　　　B. 非主属性对码的部分依赖

C. 主属性对码的传递依赖　　　　　D.非主属性对码的传递依赖

6. 下列模型中用于数据库设计阶段的是(　　)。

A. E-R 模型　　　　B. 层次模型　　　　C. 关系模型　　　　D. 网状模型

7. Access 表中字段的数据类型不包括(　　)。

A. 文本　　　　B. 备注　　　　C. 通用　　　　D. 日期/时间

8. 匹配任何单个字母的通配符是(　　)。

A. ♯　　　　　　B. !　　　　　　C. ?　　　　　　D. [　]

二、填空题

1. 一个数据库的数据模型由_____、_____和_____ 3 部分组成。

2. SQL 的全称为_____。

3. 数据库中的数据应保持_____独立性和_____独立性。

4. 关系的规范化应在数据库设计的_____阶段进行。

5. SQL 语句中创建基本表的语句是_____。

三、判断题

1. 数据管理技术经历了人工管理、文件系统和计算机管理 3 个阶段。　　（　　）

2. 关系模型由关系数据结构、关系操作集合和完整性约束 3 部分组成。　　（　　）

3. 为了减少冗余，关系的范式应该分解得越细越好。　　（　　）

4. 数据流图是在概念结构设计中产生的。　　（　　）

5. Access 是 Microsoft Office 的套装软件之一，是一种关系数据库管理系统软件。

（　　）

四、应用题

1. 某百货公司有若干连锁商店，每家商店经营若干产品，每家商店有若干职工，每个职工只服务于一家商店。试画出百货公司的 E-R 模型，并给出每个实体、联系的属性。

2. 假设有学生选课关系模式 SC(Sno,Cno,Grade)，其中 Sno 表示学号，Cno 表示课程号，Grade 表示成绩，那么 Sno→Cno 正确吗？为什么？

3. 假定老师表 R1 和学生表 R2 如下表所示，计算 R1<>R2。

表 R1

导师编号	导师姓名
D001	王飞
D002	牛强

表 R2

学号	姓名	导师编号
20090601	牛欣然	D001
20090602	王子越	D002
20090603	贾穆汉	D003

五、简答题

1. 试述文件系统和数据库系统的区别和联系。

2. 试述数据、数据库、数据库管理系统、数据库系统的概念。

3. 什么是层次模型？什么是网状模型？

4. 举例说明实体完整性规则和参照完整性规则。

5. 理解并给出下列术语的定义：函数依赖，完全函数依赖，部分函数依赖码，1NF，2NF，3NF，BCNF。

6. 数据库系统的生命周期分为哪几个阶段？每个阶段的主要任务是什么？

7. 试述将 E-R 图转换为关系模型的转换规则。

【微信扫码】
相关资源 & 习题解答

第 *7* 章　医院信息系统

7.1　医院信息系统概述

医院是信息高度密集的系统,诊疗护理工作过程就是医疗信息的处理过程。医院管理过程更是收集、处理、分析和利用信息的过程。医院信息是医院这个复杂系统在运行过程中的状态、特征及其变化的客观反映,具有范围大、数量广、涉及面广、变化快以及连续动态发展的特点,对医院技术建设与学术发展、培养人才、提高医疗质量、科研水平和医院的知名度,均有重要意义。因此,医院信息系统(Hospital Information System,HIS)成为医院信息化建设发展当中应用较早、发展最快、普及面较广的一个领域,也是近年来我国医院计算机应用领域中最广泛和最活跃的一个分支。2012 年版《医院信息系统基本功能规范》(以下简称 2012 版规范)给出如下定义:医院信息系统是指利用计算机软硬件技术、网络通信技术等现代化手段,对医院及其所属各部门对人流、物流、财流进行综合管理,对在医疗活动各阶段中产生的数据进行采集、存贮、处理、提取、传输、汇总、加工生成各种信息,从而为医院的整体运行提供全面的、自动化的管理及各种服务的信息系统。医院信息系统是现代化医院建设中不可缺少的基础设施与支撑环境。

医院自身的目标、任务和性质决定了医院信息系统是各类信息系统中最复杂的系统之一。2012 版规范根据数据流量、流向及处理过程,将整个医院信息系统划分为以下五部分:临床诊疗部分、药品管理部分、经济管理部分、综合管理与统计分析部分、外部接口部分。就一般情况而言,将面向医院的信息管理和面向病人的信息管理区分开来,前者称为医院管理信息系统(Hospital Management Information System,HMIS),后者则称为临床信息系统(Clinical Information System,CIS)。

7.2　医院信息系统数据标准化

7.2.1　数据技术规范

随着生活水平的逐渐提高和我国医疗体系改革的进一步深化,人们对医疗服务需求和医院管理科学性要求也越来越高。医院信息系统作为现代化医院运营的技术支撑和基础设施是必不可少的,医院信息化水平成为现代化医院的标志之一;以信息化规范医疗行为,实时监控提高医疗质量,用信息化的建设提升医院科学管理水平是现代医院发展的必然趋势。2012 版规范对医院信息系统的数据技术规范提出了以下要求:医院信息系统是为采集、加工、存储、检索、传递病人医疗信息及相关的管理信息而建立的人机系统。数据的管理是医院信息系统成功的关键。数据必须准确、可信、可用、完整、规范及安全可靠。并对整个业务数据的全流程提出了以下要求:

(1) 数据输入。提供准确、快速、完整地数据输入手段,实现应用系统在数据源发生地一次性输入数据技术。

(2) 数据共享。必须提供系统数据共享功能。

(3) 数据通信。必须具备通过网络自动通信交换数据的功能,避免通过介质(软盘、磁带、光盘等)交换数据。

(4) 数据备份。具备数据备份功能,包括自动定时数据备份、程序操作备份和手工操作备份。为防止不可预见的事故及灾害,数据必须异地备份。

(5) 数据恢复。具备数据恢复功能,包括程序操作数据恢复和手工操作数据恢复。

(6) 数据字典编码标准。数据字典包括国家标准数据字典、行业标准数据字典、地方标准数据字典和用户数据字典。为确保数据规范,信息分类编码应符合我国法律、法规、规章制度的有关规定,对已有的国标、行标及部标的数据字典,应采用相应的有关标准,不得自定义。使用允许用户扩充的标准,应严格按照该标准的编码原则扩充。在标准出台后应立即改用标准编码,如果因技术限制导致已经使用的系统不能更换字典,必须建立自定义字典与标准编码字典的对照表,并开发相应的检索和数据转换程序。

7.2.2 医疗行业数据标准

医疗行业的业务复杂性和敏感性决定了医院信息系统的数据标准一直是重要而迫切的需求。世界各国对医疗数据的标准进行了多年的研究和标准订立,以下给出部分国际标准作为参照。

1. 国际疾病分类(ICD)

国际疾病分类(International Classification of Disease,ICD),是根据疾病的病因、病理、临床表现和解剖位置等特征将疾病分门别类,把同类疾病分在一起使其成为有序的组合。目前的版本是第十次修订本,已更名为《疾病和有关健康问题的国际统计分类》,世界卫生组织还保留了 ICD 的简称。

(1) ICD 发展简史

ICD 已有一百多年的发展历史,1891 年国际统计研究所组织了一个对死亡原因分类的委员会,由耶克·佰蒂隆(Jacques Bertillon,1851—1922)任该委员会主席。1893 年他在国际统计大会上提出了一个分类方案系统,即为 ICD 的第一版。1946 年由世界卫生组织(WHO)做第六次修订时,首次引入了疾病分类,并强调继续保持按病因分类的哲学思想。1975 年在日内瓦的第九次修改版本,即 ICD9,在全世界范围内得到广泛推广应用。1992 年出版了第十次修改版本,其最大的变化是引进了字母,形成字母数字混合编码。我国卫计委早在 1981 年批准在北京协和医院成立世界卫生组织疾病分类合作中心。1987 年发布文件，要求医院采用 ICD9 作为疾病分类统计报告标准，并于 1993 年由国家技术监督局发布《中华人民共和国国家标准——疾病分类与代码》的国家标准，2002 年开始在全国县级及县级以上医院和死因调查点正式推广使用 ICD10，如图 7.1 所示。ICD10 对医院信息的规范化起到了关键作用。

图 7.1　基于 ICD-10 标准的临床疾病诊断

（2）ICD 分类原理与方法

ICD 疾病分类是根据疾病的某些特征，按照一定的规则将疾病分门别类。例如，A00～A09 为肠道传染病，A15～A19 为结核病等。

疾病分类的轴心是分类时所采用的疾病的某种特征。国际疾病分类 ICD 使用的疾病分类特性可以归纳为四大类，即病因、部位、临床表现（包括症状、体征、分期、分型、性别、年龄、急慢性、发病时间等）和病理。每一特性构成了一个分类标准，形成一个分类轴心，因此国际疾病分类 ICD 是一个多轴心的分类系统。

（3）ICD 的主要分类编码方法

类目：为三位数编码，包括一个字母和两位数字。例如，A00 表示霍乱，A01 表示伤寒和副伤寒，A02 表示其他沙门氏菌感染等。

亚目：为四位数编码，包括一个字母、三位数字和一个小数点。例如，A01.0 表示伤寒。

细目：为五位数编码，包括一个字母、四位数字和一个小数点。例如，S02.01 表示顶骨开放性骨折。细目是选择性使用的编码，它提供一个与四位数分类轴心不同的新的轴心分类，其特异性更强。例如，S82.01 表示髌骨开放性骨折。

双重分类（星号和剑号分类系统）：剑号表示疾病的原因，星号表明疾病的临床表现。例如，糖尿病并发视网膜病的编码是 E10 ↓ H36.0＊，其中 E10 ↓ 表示疾病由糖尿病引起的，H36.0＊表示疾病部位在视网膜。

（4）应用 ICD 的意义

① ICD 使得疾病名称规范化、标准化，这是医院临床信息管理的基础，也是电子病历等临床信息系统的应用基础。

② 便于疾病信息的学术交流。随着 ICD 的推广和普及，使得疾病信息可作为国内外医

疗卫生统计的基础,以便国家卫生部门根据统计资料制定卫生政策,便于国际间的关于疾病信息的学术交流和统计分析。

③ 有利于医疗教学与研究。医院的病案是医疗教学和临床研究的基础,在教学与研究中所需的某种疾病的病案可以通过 ICD 编码准确获取,正确的疾病分类是打开病案宝库的钥匙。

④ 有利于医院管理。ICD 是医院医疗和行政管理的基础,例如,按照病种进行归纳,了解各病种的就诊人数、住院人数、平均医疗费用、平均住院天数等。由于病案中还含有医疗人员的信息、各种检验信息,因而还可以对医疗资源利用进行分析,对医疗质量进行评估。

⑤ 有利于医疗保险。疾病分类是医疗经费控制的重要依据之一,通过 ICD 编码,将疾病性质、医疗费用、住院天数相同或相似的病人分在同一组中,据此对医疗费用进行限定与管理。通过对疾病病种、收费等指标的比较,就很容易确定病种的治疗费用,有利于指定医疗保险费用,是远程医疗、健康档案、电子病历、区域卫生医疗的重要基础。

2. 人类与兽类医学系统术语(SNOMED)

人类与兽医学系统术语(Systematized Nomenclature of Human and Veterinary Medicine,SNOMED)是美国病理学会(College of American Pathologist,CAP)发展的、广泛用于描述病理检验结果的医学系统化术语。

SNOMED 试图包括医学(目前尚不包含中医)中使用的全部术语,是当前国际上使用最为广泛的大规模标准化医用术语,它具有多轴编码结构,比 ICD 代码具有更大的临床特性,对临床具有极为重要的意义。更重要的是,由于这些术语代码拥有医学知识表达的许多特征,又具开放式的数据结构,还可以灵活地进行搭配、组装,以表达更为复杂的概念和关系,乃至合成新的术语,所以它将适用于电子病历,并支持专家系统。标准化、规范地应用医学术语将有利于医学信息共享和提高医疗质量。

SNOMED 已在 40 多个国家得到应用,其在整个电子病历的索引中表现出的卓越的全面性、多样性及术语学的可控性广为公认。

3. 医学主题词表(MeSH)

美国国家医学图书馆(National Library of Medicine,NLM)于 1960 年开发了医学主题词系统(Medical Subject Headings,MeSH)并编制出版了《医学主题词表》。该系统用于世界医学文献的索引,它收集了 1.6 万多个主题词,并设立各种参照和注释,副主题词 82 个,主题词和副主题词是规范化词汇。MeSH 是一部动态词表,为了保持与科学发展同步,每年都有一定数量的词汇增删变动。

MeSH 主要由字顺表(alphabetic list)、主题词树状结构表(tree structure)两大部分构成。MeSH 形成了统一医学语言系统(Unified Medical Language System,UMLS)的基础。后者也是由 NLM 开发的,它为医学上描述性自然语言的结构化以及电子病历的实现提供新的途径。

4. 美国卫生信息传输标准(HL7)

美国卫生信息传输标准(Health Level Seven Standard for Electronic Data Exchange in Health care Environments,HL7)是 1987 年由美国国家标准局(ANSI)授权的标准开发机构 Health Level Seven Inc.研究开发的一个专门规范医疗机构用于临床信息、财务信息和管理

信息的电子信息交换标准,由美国国家标准局批准颁布实施。HL7(Health Level Seven)中的 Level Seven 的意思是 ISO-OSI 第七层(应用层),HL7 组织参考了国际标准组织(ISO)采用的开放式系统互联 OSI(Open System Interconnection)的通信模式,将 HL7 纳为最高的一层,也就是应用层。

HL7 的主要目的是发展和整合各型医疗信息系统间,例如临床、检验、药店、保险、管理、行政及银行等各项电子资料的交换标准。它致力于发展一套联系独立医疗计算机系统的认可规格,确保医疗卫生系统如医院信息系统、检验系统、配药系统及企业系统等符合既定的标准与条件,使接收或传送一切有关医疗、卫生、财政与行政管理等资料或数据时,可达到及时、流畅、可靠且安全的目的。

5. 统一的医学语言系统(UMLS)

统一的医学语言系统(Unified Medical Language System,UMLS)是由美国政府投资,美国国立医学图书馆承担的、最重要的、规模最大的医学信息标准化项目。UMLS 试图帮助卫生专家和研究者从五花八门的信息资源中提取和集成电子生物医学信息,它可以解决类似概念的不同表达问题,可以使用户很容易地跨越在病案系统、文献摘要数据库、全文数据库之间的屏障。UMLS 的知识服务(knowledge services)功能还可以帮助数据的生成与索引服务。

Metathesaurus(UMLS 的一个产品)提供了对 MeSh(医学主题词表)、ICD-9-CM、SNOMED、CPT 和其他编码系统之间的交叉参照。UMLS 是医学术语研究的重要课题,SNOMED 为 UMLS 提供了最为广泛和最为重要的医学术语词条,是 UMLS 所包含的多个术语集中的一个,也许是最重要的一个。UMLS 的主要角色是一部拥有多种功能的电子化医学词典,使得许多不同源术语集中的相同语义拥有标准格式成为可能,但它本身并不是参考术语。

UMLS 本身不是标准,但是提供了标准和其他数据和知识资源之间的交叉参照,能帮助解决许多医学信息交换的问题,因此有极大的使用价值。

7.3 医院管理信息系统和临床信息系统

7.3.1 医院管理信息系统与临床信息系统的划分和演变过程

医院是信息最为密集的单位之一,数据的管理是医院信息系统成功的关键。医院的数据应该以病人医疗信息为核心,采集、存储、传输、汇总、分析与之相关的财务、管理、统计、决策等信息。因此,医院的信息可以根据医院业务数据的特点或根据数据的流向及处理过程进行分类。

国家卫生部根据医院数据的流量、流向及处理过程,将整个医院信息系统划分为以下五部分:临床诊疗部分、药品管理部分、经济管理部分、综合管理与统计分析部分及外部接口部分。一般情况下,人们将临床诊疗部分划为临床信息系统,其余四部分划为医院管理信息系统。

1. 医院管理信息系统与临床信息系统的概述

临床信息系统(Clinical Information System,CIS)是指利用计算机软硬件技术、网络通信技术对病人信息进行采集、存储、传输、处理、展现,为临床医护人员和医技科室的医疗工作服务,以提高医疗质量为目的的信息系统。临床信息系统是医院信息系统的核心。临床信息系统主要包括:电子病历系统(Electronic Medical Record,EMR)、医生工作站系统(Doctor Workstation System,DWS)、护理信息系统(Nurse Information System,NIS)、实验室信息系统(Laboratory Information System,LIS)、放射信息系统(Radiology Information System,RIS)、手术麻醉信息系统(Operating Anesthesiology Information System,OAIS)、重症监护信息系统(Intensive Care Unit,ICU)、医学图像管理系统(Picture Archiving and Communication System,PACS)、临床决策支持系统(Clinical Decision Support System,CDSS)等。

医院管理信息系统(Hospital Management Information System,HMIS)是以事务管理为主要内容,以处理医院人、财、物等信息为主的管理系统,它的功能明确,数据易于结构化,其采集、处理方法简单而固定。例如医疗设备的管理,药品的库存、发放管理,患者的医疗费用管理等。CIS是以处理临床信息为主的,以医疗过程为主要内容,而医疗过程是一个基于医学知识、医疗经验的推理、决策的智能化过程。由于面对的患者个体性强,而重复性差,数据不易结构化,其采集及处理涉及医学知识的表达和应用,涉及医疗经验和决策支持等内容,因此较HMIS更为复杂和困难。

CIS与HMIS之间既相互区别,又相互关联。例如:住院登记属于HMIS,但它所采集的病人一般信息是CIS的信息基础;处方用药属于CIS,但是处方划价收费却又属于HMIS。就拿实验室信息系统(LIS)来说,在HMIS中主要侧重在"申请——检查——结果"的事务性过程中对数据的管理以及自动划价收费管理,而在CIS中更注重信息在临床诊断、治疗中的作用。在完整的LIS、PACS、NIS等信息系统中都会涉及HMIS和CIS这两方面的内容。例如:姓名、年龄、医技操作的项目、价格等属于HMIS的范畴;另外,对医学专业知识信息的采集、处理和智能分析属于CIS的范畴。

临床信息系统是一个依据医疗过程的知识和信息进行推理决策的智能化过程,个体性强、重复性差,医疗过程涉及知识的表达与应用,这些都远远超出了传统的事务处理的难度。因此本章重点介绍临床信息系统。

2. 医院管理信息系统与临床信息系统的发展过程

早期的HIS主要是为了减轻医院为支付保险费用的工作量,以及支持自动处理庞大的药品数据和检验报告数据。自20世纪70年代起,美国不惜耗资率先组织对疾病诊断相关分组(Diagnosis Related Group System,DRGS)进行研究,并建立了按疾病诊断相关分组——预付款制度(DRGS-PPS)。其主要目的和作用在于指导医院和医务人员合理利用医疗卫生资源,控制医疗服务中的不合理消费,并通过控制平均住院日和住院费用来达到促使医院挖掘潜力,提高医院的质量、效益和效率,减少卫生资源的浪费。

从另一个角度来看,医院的核心竞争力来自医疗和服务质量。因此,临床信息系统应运而生。CIS是以病人为中心的,为提高医疗质量的临床医疗信息管理系统,它的直接用户是医生、护士、医技人员。

韩国多年来也一直致力于医院信息工作。在政府的强力推动下,韩国95%的医院和诊所通过网络连接国家保险部门进行结算,三分之一的医院已经安装了PACS系统,绝大多数三级医院已经安装了医嘱录入系统。

20 世纪的最后几年,随着我国医药卫生体制改革的深入、医院管理体制和运行机制改革的推行,促使医院从计划经济逐步向市场经济转轨。激烈的医疗市场竞争促进了医疗信息化建设,特别是城镇职工医疗保险制度,新的医疗诉讼规定更促使了 CIS 在中国的启动。首先,医疗保险中的各种偿付规定,例如保险基金偿付限额、按总额付费、按病种付费和被保险方案比例付费,都促使医院通过降低医疗成本,提高医疗质量来吸引参保病人。其次,医疗诉讼中"医疗行为举证倒置原则"将使医疗信息有可能公之于众。因此,加强对临床医疗信息的采集、存储、处理和利用,提高疗效,已刻不容缓,自然而然促使了 CIS 的启动。

2012 版规范中已将医生工作站和和护士工作站列为临床信息系统的两个组成部分。目前,国内 60% 以上的医院都已经实现了 CIS 的全面应用,应用层次也在不断深入,逐步实现了无线床边,医学影像存储与传输、远程医疗等。但是目前在医疗卫生服务业,存在着医疗服务可及性差、医疗资源配置不均衡、卫生服务效率不高、医疗服务质量参差不齐、居民"看病难,看病贵"等问题。区域医疗卫生信息化是以信息网络、电子商务、电子支付、现代物流等现代服务支撑共性技术为基础,对传统医疗卫生服务模式进行改造创新,建立新型数字医疗卫生服务模式和业务流程,进而全面优化整合区域医疗卫生资源,建立区域医疗卫生信息系统,实现区域内各医疗卫生系统信息网上交换、区域内医疗卫生信息集中存储与管理和资源共享,从而提高医疗卫生服务效率和质量,降低医疗卫生服务成本。通过信息化手段,建立区域卫生共享医疗平台,实现以病人为中心信息的共享、流动与智能运用,并在医疗卫生服务整个环节中实现协同和整合,推动各医疗机构资源的灵活流动和机构优化,是未来医院信息系统的发展方向。

图 7.2 医院信息化建设过程

7.3.2 临床信息系统(CIS)

临床信息系统的基础是各个科室的业务处理,医务人员应用系统处理日常医疗工作中的信息传递、医疗文书书写等工作。从信息系统功能角度看,用于医院各个业务部门的系统应该紧紧围绕这些部门的工作内容,即以医疗业务工作作为系统的主要功能,这些系统以临床应用为目标,逐步发展为专业化、智能化的系统。

这些系统主要包括以下内容。

(1) 电子病历(EMR)。指在医院内全面记录关于病人健康状态、检查结果、治疗过程、诊断结果等信息的电子化的医疗文件。

(2) 医生工作站(DWS)。指协助临床医生获取信息、处理信息的信息系统。2012 版规范中,增加了医生工作站,并将其作为临床信息系统的构成部分。它将医院医生工作站分为"门诊医生工作站分系统"和"住院医生工作站分系统"。

(3) 实验室信息管理系统(LIS)。指利用计算机技术实现临床实验室的信息采集、存储、处理、传输、查询,并提供分析及诊断支持的计算机软件系统。其中包括临床检验系统、微生物检验系统、试剂管理系统、实验室辅助管理系统等。

(4) 护理信息系统(NIS)。指利用计算机软硬件技术、网络通信技术帮助护士对病人信息进行采集、管理,为病人提供全方位护理服务的信息系统。

(5) 医学图像存储与传输系统(PACS)。指应用数字成像技术、计算机技术和网络技术对医学图像进行获取、显示、存储、传送和管理的综合信息系统。

(6) 放射学信息系统(RIS)。指利用计算机技术对放射学科室数据信息,包括图片影像信息,完成输入、处理、传输、输出自动化的计算机软件系统。

(7) 临床决策支持系统(CDSS)。指用人工智能技术对临床医疗工作予以辅助支持的信息系统,它可以根据收集到的病人资料,做出整合型的诊断和医疗意见,提供给临床医务人员参考。

(8) 手术麻醉监护系统。包括麻醉深度、呼吸、血压、心肺等参数动态测定和报告。

(9) ICU 监护信息系统。包括对 ICU 室中的床边监护设备的数据实时采集、传输、存储、与 HIS 系统的信息共享、与 EMR 系统的无缝连接等。

(10) 心电信息系统。包括常规心电图、移动心电图(床边机)、动态心电图、运动心电图、动态血压、食道调搏、心内电生理、心电向量、踏车试验、心室晚电位、心率变异、倾斜试验、晚电位等。

(11) 脑电信息系统。包括常规脑电图、脑地形图等。

(12) 血透中心管理系统。包括血液透析过程的数据测定、记录、病情观察、医嘱、LIS 报告等。

(13) 眼视光中心。包括各类眼科检查信息的采集、分析、存储、图文报告等。

(14) 超声系统。指利用彩色多普勒血流成像仪、B 超、A 超等以超声原理研制的仪器辅助医生诊断疾病的系统。

(15) 肺功能测定系统。指应用肺功能测定仪对肺容量、通气功能进行测定以及通气功能障碍类型的判断等协助医生测量肺功能的系统。

(16) 晚电位检测系统。心室晚电位(VLP)是心室肌某部的局部电活动在体表记录到的信号,是一种无创伤性检查的新技术,在临床上常常用来筛选和预测急性心肌梗塞(AMI)是否可能发生室速或室颤。

(17) 肌电图检测系统。包括高性能生物放大器并附皮肤阻抗测量、专业化的主系统设计、可编程的刺激器、高分辨波形监视和打印功能。

(18) 内窥镜系统。包括支气管镜、胃镜、肠镜、膀胱镜等。

7.3.3　电子病历（EMR）

电子病历（EMR）是临床信息系统的核心。临床信息系统主要处理和管理医疗过程中产生的信息，这些信息传统上采用手工书写，其中部分内容作为医疗工作的记录称为病历。如图 7.3 所示，当临床信息系统能够覆盖医院的整个医疗过程，其记录的关于病人健康状态、检查结果、治疗过程、诊断结果等信息的医疗文件全部电子化，能够完成代替纸张记录的信息时，就形成了电子病历。

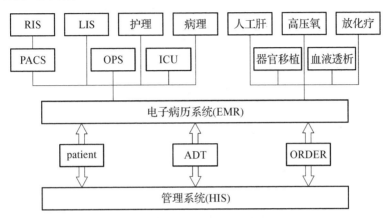

图 7.3　电子病历关联示意图

事实上，如图 7.4 所示，电子病历不仅仅是将现有纸张病历上的内容数字化并存储到光盘或磁盘中，而是建立一套完整医疗过程记录、信息处理、信息重现的信息系统。电子病历在录入病人医疗信息时，通常采用结构化录入方式，如图 7.5 所示。它除了在信息记录和处理上应该能够满足医疗工作的需要之外，还必须在安全性、可靠性、方便性等方面同样满足医疗的需求。

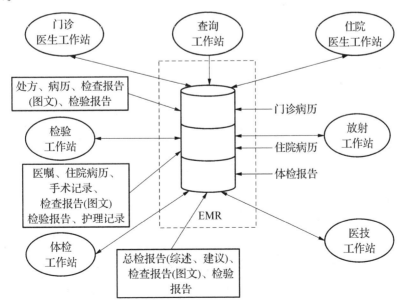

图 7.4　医疗电子病历与临床信息系统关系图

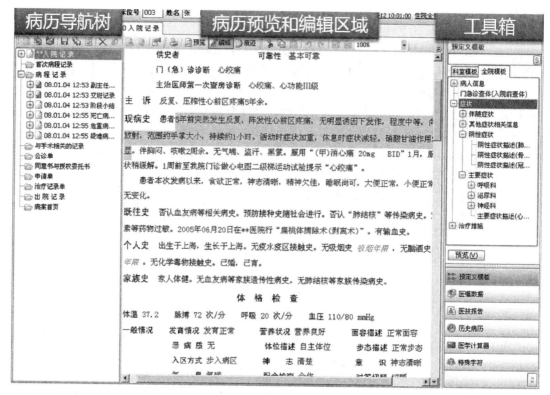

图 7.5　电子病历的开放式的结构化录入

电子病历是一个记录病人长期动态健康信息的数据中心。如图 7.6 所示，它支持信息数据的共享和反复利用，并可以为医疗保险、社区保健、急诊服务、远程医疗等提供相关信息；支持多媒体表现形式，信息内容完整；数据的分布式存储方便异地数据的同时访问；可采取多种数据查看方法；支持结构化数据输入（SDE）；数据的规范化存储结构支持信息的分析与检索；支持数据分析。

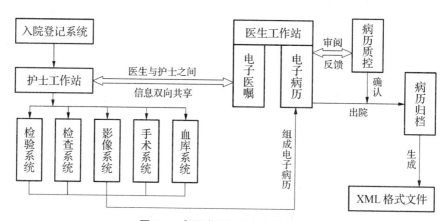

图 7.6　电子病历信息共享示意图

如图 7.7 所示电子病历系统是 HIS 的核心层，电子病历系统实现病人信息的采集、加工、存储、传输、预警和服务。

综上所述,电子病历系统并不是一个独立于 HIS 的新系统,而是 HIS 的核心层,同时又是临床信息系统的核心。对医院信息系统的运作和发展起到关键作用。

7.3.4 医生工作站

医生工作站是协助医生完成日常医疗工作的信息处理系统,图 7.8 显示常用医生工作站主界面,其主要任务是处理病人记录、诊断、处方、检查、检验、治疗处置、手术和卫生材料等信息。例如:自动获取病人就诊卡号或住院号、病案号、姓名、性别、年龄、医保费用类别等的基本信息;获取与诊疗相关的病史资料、禁忌症、用药等信息;提供医院、科室、医生常用临床项目字典、医嘱模板及相应编辑功能;提供打印功能,如处方、检查检验申请单等;提供长期和临时医嘱处理功能,包括医

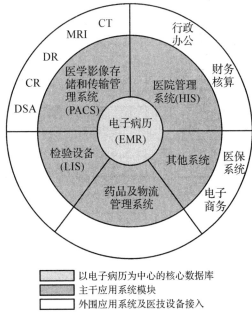

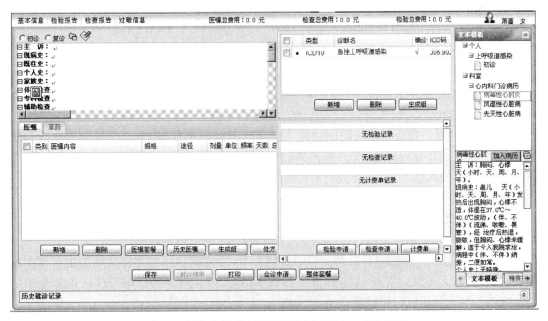

图 7.7 电子病历与 HIS 的关系示例图

嘱的开立、停止和作废;支持医生按照国际疾病分类标准下达诊断(入院、出院、术前、术后、转入、转出等);支持疾病编码、拼音、汉字等多重检索;自动核算各项费用,支持医保费用管理;可以自动向有关部门传送检查、检验、诊断、处方、治疗处置、手术、转科、出院等诊疗信息以及相关的费用信息,保证医嘱指令顺利执行。门诊医生工作站逻辑结构图如图7.9 所示。

图 7.8 某信息技术有限公司的门诊医生工作站界面

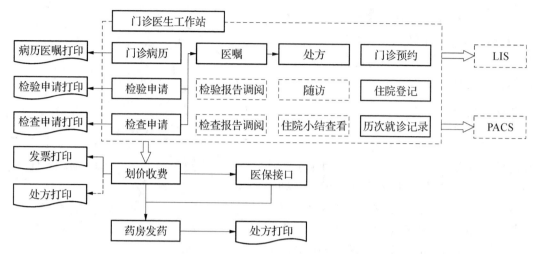

图7.9   某信息技术有限公司的门诊医生工作站逻辑结构图

下面以加入医生工作站为例介绍医院门诊业务信息化流程。如图 7.10 所示,在采用门诊医生工作站的模式中,门急诊病人的信息录入主要由门诊医生进行操作。病人就诊具体流程如下(6 步):

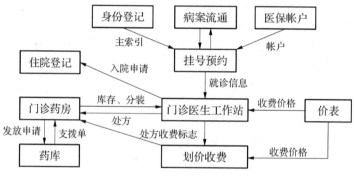

图7.10   医院门急诊管理系统工作流程

(1) 若医院采用持卡就医,则病人来院就诊时,直接持卡就医,若没有卡则先到相应部门交预交金、制卡。

(2) 集中挂号一直是很多医院门诊产生排队现象的一个根源,为减少排队的次数和队伍的长度,建议采用分诊挂号,病人直接到分诊处挂号。为使服务更加周到,医院最好配有相应的咨询台,根据病人症状,告知病人到哪一个分诊处挂号及行走路线。

(3) 病人来到诊间候诊,门诊医生工作站自动显示已挂号未就诊的病人信息,医生据此为就诊病人生成新的就诊病历,通过门诊医生工作站书写门诊病历,开具检查/检验申请单、治疗单和处方等。申请单直接传至相关检查/检验科室,处方传至药房。

(4) 病人到门诊收费窗口,收费窗口通过病人 ID 号或就诊序号直接调用医生开单产生的计价信息,核实无误后收费,无卡病人进行现金结算,持卡病人的费用直接从预交金中划去。收费后病人到相应科室接受诊治。

(5) 根据医生传送的处方信息,无卡病人凭收据取药,持卡病人凭卡取药。发药药师复核处方,核对后台药师摆出的药品是否与屏幕上处方内容相一致,确认发药后减库存。

（6）对有需要的病人门诊收费可进行结算处理：汇总病人本次就诊期间的所有划价收费信息，打印门诊收据。

7.3.5　实验室信息系统（LIS）

医学领域的实验室信息系统（Laboratory Information System，LIS）是指利用计算机技术、网络技术实现临床实验室的信息采集、存储、处理、传输、查询，并提供分析及诊断支持的计算机软件系统，也可称为临床检验分系统，如图 7.11 所示。

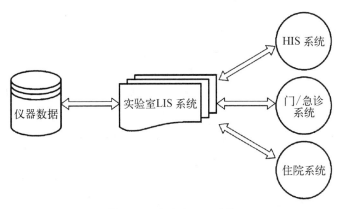

图 7.11　实验室 LIS 系统

随着计算机技术的不断发展，LIS 的信息输入、输出方式趋于多样化，数据分析处理的能力不断增强。LIS 所涉及的内容也越来越多，数据信息包括受检者（病人或体检者）信息、标本信息、检验申请信息、检验结果和结论信息，以及实验室运作、管理的其他辅助信息。

LIS 具有对实验室、检验科事务性管理的功能，可通过医院局域网接受申请、查询和传输病人的一般信息、录入和发送结果报告、打印统计报表等。

（1）LIS 具有对检验申请的自动处理功能，通过阅读医生工作站、EMR 传输来的申请单中的格式化信息，LIS 能够根据检验申请项目、要求，自动给出当日的检验工作计划，安排标本采集人员工作，并对标本进行分组、排序，以充分、高效地利用实验室资源。当采集的标本送达接受处时，系统将自动给标本一个唯一的样本号，这个样本号与病人的标识号（例如条形码）形成关联，伴随整个检查过程，确保不出差错。

（2）LIS 具有对标本的自动预处理功能，可以从住院电子医嘱和门诊医生站中直接提取检验项目，取消手工化验申请单。具有条形码识别功能的检验设备直接通过试管上的条形码读取医生申请的化验项目，当检验结果出来后可以保存在 LIS 服务器上，临床和门诊医生即可通过各自的医生工作站调阅病人的检验结果，还可以进行必要的数据分析。门诊病人马上可通过门诊导医台计算机的刷卡查询或打印各自的化验单。整个检验流程除了住院病人需要归档和门诊病人要带走的化验单外全部实现无纸化和自动化，工作量可以减少 50% 以上，缩短了检验结果的报告时间。

（3）LIS 具有自动分析能力，仪器内的微处理器可以控制检测分析过程中的各种参数，分析产生的数据经打印口打印，同时通过接口直接存入 LIS 服务器。

（4）LIS 可通过质量控制的标准样本和试剂管理，在后台完成质量控制操作，并对当天的样本进行一次或多次核准,确保检验结果的准确性。

(5) LIS 中具有的检验知识库,可根据检验产生的数据,结合病人的其他临床信息(如症状、体征、诊断、用药情况、既往检测数据等),对检验结果作出解释和结论。LIS 的数据可以传输到 HIS,也可以传输到其他医院或其他地区。

目前,在国外发达国家 LIS 已经普及,在国内已出现了一批专业化的 LIS 开发企业,据不完全统计,国内已有超过 5 000 家医院投资和安装了 LIS 的全部或部分软件。

7.3.6 护理信息系统

护理信息系统(Nursing Information System,NIS)是指利用计算机软硬件技术、网络通信技术,帮助护士对病人信息进行采集、管理,为病人提供全方位护理服务的信息系统。自 19 世纪中叶弗罗伦斯·南丁格尔创办护理学以来,护理学的临床实践和理论研究经历了以疾病护 理为中心、以病人护理为中心和以人的健康为中心的 3 个主要发展阶段,目前已经进入了以人的健康为中心的系统化整体护理阶段。

系统化整体护理(Systematic Approach to Holistic Nursing Care,SAHNC)是指以病人为中心,以现代护理观为指导,以护理程序为基础框架,把护理程序系统化地用于临床和管理的工作模式。整体护理是一项系统化工程,仅是它的基础框架——护理程序,就包括了估计、诊断、计划、实施、评价 5 个步骤,其中所包含的信息是极其丰富和繁杂的,它们互相重叠、交叉,又互为因果联系,所必须完成的表格和记录也十分多,手工书写无法完成。而系统化整体护理的根本目的是:让护士走向床边,用更多时间去贴近病人,去诊断和处理病人现存的或潜在的所有健康问题。要解决这些问题,实现系统化整体护理只有采用现代化信息技术——护理信息系统。

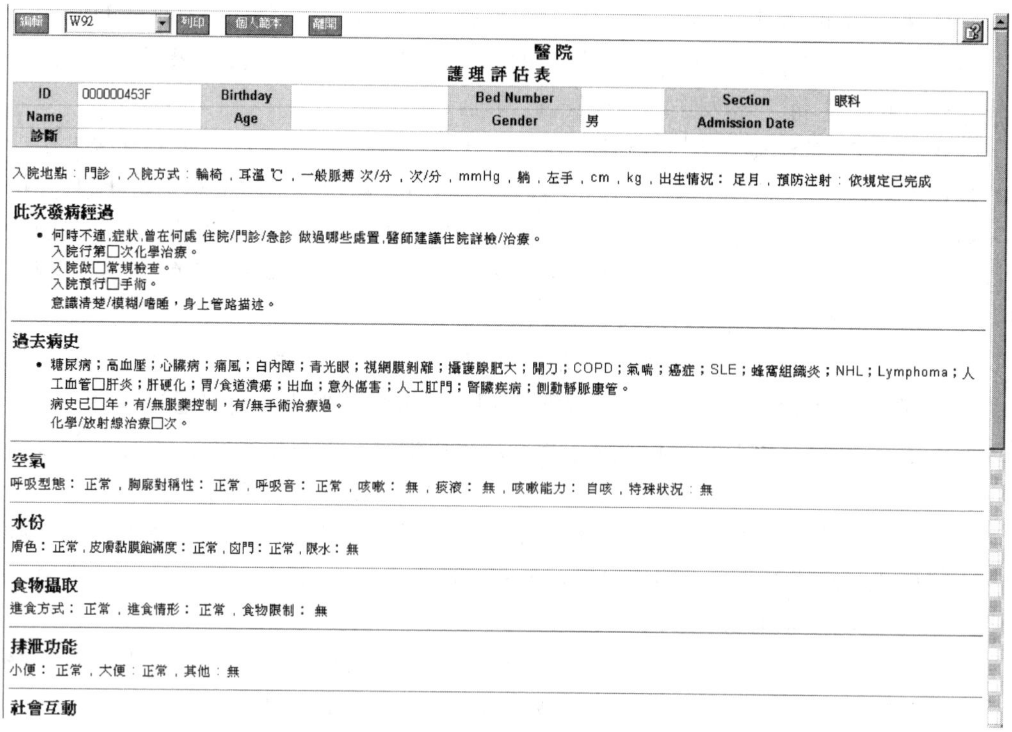

編輯 W92 列印 個人範本 離開

醫院

護理評估表

ID	000000453F	Birthday		Bed Number		Section	眼科
Name		Age		Gender	男	Admission Date	
診斷							

入院地點:門診,入院方式:輪椅,耳溫 ℃,一般脈搏 次/分,次/分,mmHg,躺,左手,cm,kg,出生情況: 足月,預防注射:依規定已完成

此次發病經過

- 何時不適,症狀,曾在何處 住院/門診/急診 做過哪些處置,醫師建議住院詳檢/治療。
  入院行第□次化學治療。
  入院做□常規檢查。
  入院預行□手術。
  意識清楚/模糊/嗜睡,身上管路描述。

過去病史

- 糖尿病;高血壓;心臟病;痛風;白內障;青光眼;視網膜剝離;攝護腺肥大;開刀;COPD;氣喘;癌症;SLE;蜂窩組織炎;NHL;Lymphoma;人工血管□肝炎;肝硬化;胃/食道潰瘍;出血;意外傷害;人工肛門;腎臟疾病;側動靜脈廔管。
  病史已□年,有/無服藥控制,有/無手術治療過。
  化學/放射線治療□次。

空氣

呼吸型態: 正常,胸廓對稱性: 正常,呼吸音: 正常,咳嗽: 無,痰液: 無,咳嗽能力: 自咳,特殊狀況:無

水份

膚色:正常,皮膚黏膜飽滿度:正常,囟門:正常,脫水:無

食物攝取

進食方式: 正常,進食情形: 正常,食物限制: 無

排泄功能

小便: 正常,大便:正常,其他:無

社會互動

图 7.12 监护评估结果

NIS 的基本功能包括：获取或查询病人的一般信息以及既往住院或就诊信息；实现对床位的管理和对病区一次性卫生材料消耗的管理；实现医嘱管理，包括医嘱的录入、审核、确认、打印、执行、查询；实现费用管理，包括对医嘱的后台自动计费、病人费用查询、打印费用清单和欠费催缴单；实现基本护理管理，包括录入、打印护理诊断、护理计划、护理记录、护理评价单、护士排班表等。从 NIS 的发展来看，它不仅可以采集、存储、提取临床信息，还可以利用这些信息和护理知识，对每一步护理过程提供决策支持。

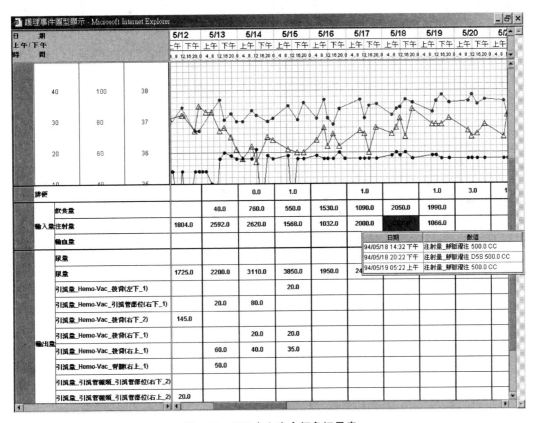

图 7.13　NIS 中之生命征象记录表

7.3.7　医学影像存档与通信系统（PACS）

医学影像存档与通信系统（Picture Archiving and Communication System，PACS）是应用数字成像技术、计算机技术和网络技术，对医学图像进行获取、显示、存储、传送和管理的综合信息系统。PACS 主要包括医学图像获取、大容量数据存储、图像显示和处理、数据库管理和图像传输等内容，支持 PACS 运行的重要网络标准和协议是 DICOM3.0。图 7.14 为 PACS 观片工作站。

PACS 产生于 20 世纪 80 年代，数字化成像设备如 CT、MRI 等在医院的普及、医学图像数量的剧增以及现代信息技术的发展，催生了 PACS。PACS 产生后，在发达国家迅速得到了推广和应用，到 21 世纪初在我国也得到了迅猛的发展。

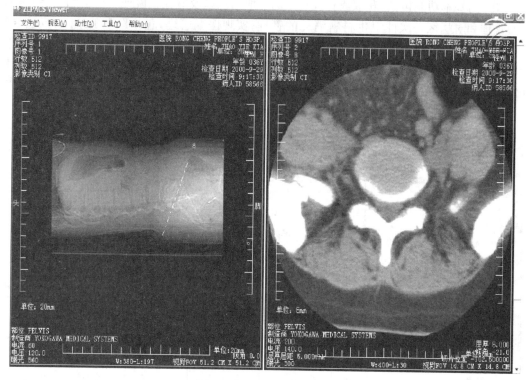

图 7.14　PACS 观片工作站

7.3.8　放射学信息系统（RIS）

　　放射学信息系统（Radiology Information System，RIS）是指利用计算机技术对放射学科室的数据信息包括图片影像信息，完成输入、处理、传输、输出自动化的计算机软件系统。RIS 的基本功能包括：病人登记、检查预约、病人跟踪、报告生成、账单计费、文字处理、数据分析、档案管理、接口功能、胶片管理、系统管理等。

　　在国外，病人看病做检查之前一般需进行预约，因而预约功能是国外 RIS 必不可少的功能；书面报告的生成是国内 RIS 必不可少的功能，很多 RIS 还提供了基于不同病例的报告模板以方便医生录入诊断报告，而国外医生多采用口述报告，所以国外 RIS 有录音功能，有的甚至集成了语音识别技术。

　　下面是我国 RIS 的基本功能规范。

　　（1）预约登记功能。支持病人预约登记。

　　（2）分诊功能。病人基本信息、检查设备、检查部位、检查方法、划价收费。

　　（3）诊断报告功能。生成检查报告，支持二级医生审核，支持典型病例管理。

　　（4）模板功能。用户可以方便灵活地定义模板，提高报告生成速度。

　　（5）查询功能。支持姓名、影像号等多种形式的组合查询。

　　（6）统计功能。可以统计用户工作量、门诊量、胶片量以及费用信息。

　　随着应用的不断深入和新的需求的提出，RIS 的功能也越来越丰富。根据不同的应用对象（是针对医院的放射科还是专门的医疗影像中心），当今的 RIS 可能还包括一些扩展的功能,例如口述报告、影像协议管理等。由于 RIS 系统的许多操作涉及患者医疗档案数据,因此 RIS 必须对病人的医疗信息提供安全保障机制,包括用户身份鉴定和访问控制等功能。当 RIS 产品被实施到某个医院时,它必须有与其他的信息系统接口的能力,例如病人索引、入院/出院/转院管理系统和录入检查申请的系统。面向专门的医疗影像中心的 RIS 可能还包括诸如基于 Web 的检查预约、申请程序和社保接口工具等。

7.3.9　临床决策支持系统(CDSS)

临床决策支持系统(Clinical Decision Support System,CDSS)是用人工智能技术对临床医疗工作予以辅助支持的信息系统,它可以根据收集到的病人资料,做出整合型的诊断和医疗意见,提供给临床医务人员参考。

目前开发应用的 CDSS 主要是医学专家系统。医学专家系统是基于医学知识库的知识利用系统,是一种求解问题的计算机程序系统。它可以像具有某一医学领域或学科知识、能力、经验的专家一样,分析和判断复杂的临床问题,并利用专家推理方法来求解这些问题。因此,专家系统不同于一般数据库系统,它所存储的不是医学问题答案,而是用于推理的知识和能力。

1. 医学专家系统的基本结构和功能

(1)医学知识库。存放医学知识及医学专家的经验。知识库具有存储、检索、删除、修改等功能。

(2)推理机。利用数学模型或推理规则,结合医学知识库,解决所遇到的临床问题。

(3)咨询解释器。将用户提出的问题转换成推理机可以理解的信息,并将推理结果如诊断、治疗方案等转达给用户。

(4)知识获取及知识库。是专家系统与真实专家之间的交互界面,可以通过人工修正或机器学习的方法将专家知识输入到医学知识库中。

2. 中医专家系统开发过程

中医专家系统的开发过程大致如下:

第一步:要和中医专家进行一系列讨论,获取有关中医专家的相关知识,建立中医专家的知识库,这部分也称医理设计。

第二步:对中医专家的逻辑推理过程进行模拟,即建立数学模型或推理的规则库。

第三步:通过编程在计算机上实现中医专家系统。

第四步:选择大量的病例进行验证,这相当于机器学习,通过验证寻找问题解决问题,使系统不断完善。

第五步:在临床实践过程中还需不断地修正,直到开发出来的系统可以像中医专家一样,对疾病信息进行分析推理,能诊断出中医病名及症型以及制订治疗方案。

一个专家系统的开发过程,应该是一个不断地进行循环反复的改进、扩充和完善的过程。

3. 临床决策系统在中医研究中的情况

CDSS 作为电子病历系统的一个功能模块,首先是电子病历系统,最后是临床数据分析系统。

（1）数据整合

临床决策支持系统的 3 个主要成分是医学知识、病人数据和针对具体病例的建议。病人数据是通过临床决策支持系统的医学知识来对数据进行解释，从而为临床医生提供准确的决策支持。

临床决策支持所需的病人数据是通过电子病历系统完成数据采集的，再通过一个数据泵进行抽取和整理。为了使决策支持的结论更加准确，系统尽可能提供病人数据的完全整合，包括病人的基本信息、病历信息、病程信息、医嘱信息、检验信息、影像信息、护理信息，以及中医所需要的特有的舌像信息、脉象信息。为了能够更好地利用数据，系统采用 XML 文档格式存储这些临床数据，并用可扩展样式语言(eXtensible Stylesheet Language, XSL)技术对这些保存着数据的 XML 文件进行处理。用 XPath(XPath 是一门在 XML 文档中查找信息的语言，用于在 XML 文档中通过元素和属性进行导航)搜索 XML 文档中的数据，通过 XML 分析器(Parser)可以将其内容还原为结构化的字段并进行处理，这样可以很方便地读取和搜索数据。系统还设计了临床语义模型，通过临床 XML 模板定义可以提取出几十万个有关临床数据项语义，以便在临床数据检索操作时设定检索条件。

（2）医学知识库

临床决策支持系统内核的推理程序可以根据知识库的知识和经验生成建议以支持决策。由此可见，医学知识库是临床决策支持系统中的另一个重要元素。

临床决策支持系统建有完善、全面、快速的医学知识库。该知识库包含了词库、术语字典、模型结构、知识仓库 4 个部分，其中：词库针对最小应用元素的医学用语进行了描述与定义；术语字典则提供了一定范围内的信息关联，这些关联可以包括相关属性的描述、取值范围、相关临床术语、偏向标志、各类编码表等；知识模型结构是将这些术语相关的内容组成一种网状的结构，方便存储和调用；知识仓库就是所有这些知识信息的容器，以功能强大的数据库为架构平台来辅助智能的文字处理与检索系统。

医学知识一般有两个来源，即医学文献(指记录已归档的知识)和某一领域的专家(指专家的临床经验)。在长海医院中医研究所中，所有的医学知识库中的内容也都是通过这两种方法获得。对于任何一种医学知识，系统先通过知识采集引擎把知识采集进来，然后通过解释引擎利用知识模型在知识库中查找相应的解决方案，逐步缩小目标范围，最后由知识库系统判定归于何种类别的医学知识，并存储于知识库中相应的位置。

（3）决策支持

决策支持就是临床决策支持系统的最后一个步骤，也是最重要的一个步骤，其功能是将医学知识应用于病人数据的结果，进行分析、归纳，最终针对具体病人提出相应的决策和建议。临床决策支持系统的决策支持引擎使用自主研发的 C-Script，该引擎具有速度快、操作方便、数据准确的特点。C-Script 提供一个简单的工具，可以由临床医生自己定义决策推理的逻辑关系，把决策推理用到的参数和数据项目转换成逻辑表达式，然后由 C-Script 引擎解释定义过的逻辑关系，把其中数据间的关联解释成计算机能够理解的语言，再由计算机处理其中的逻辑关系，最后根据逻辑关系，把数据结果通过表达式计算出来。

7.3.10　手术、麻醉信息管理系统

手术信息处理系统的工作主要为术前、术中、术后 3 个阶段的信息管理提供支持。术前

是手术预约安排信息的处理,系统为麻醉师和手术相关人员提供病人的病历、检查和检验结果等信息,以帮助他们全面了解病人情况,更好地完成手术准备。在术中,麻醉医生将病人的麻醉过程信息记录到系统中,同时系统与监护设备相连接,自动获取病人生命体征信息。术后,麻醉医生可以下达医嘱、记录病人的恢复过程、通过系统自动生成病人的麻醉记录单。如果需要,还可以对麻醉过程进行回顾总结。

下面以一个手术麻醉临床信息系统为例,介绍其所需具备的一些功能特点。

(1) 整合手术室与麻醉科的管理流程,提高管理质量,系统自动统计医护人员的工作量,有效提高业绩考评管理。

(2) 全程自动记录手术及麻醉过程,自动绘制麻醉记录单,全面采集麻醉机、监护仪、呼吸机等设备的数据,支持多厂家、多型号设备的采集,麻醉医师可以根据需要调整采集频率。

(3) 自动生成麻醉和护理医疗文书。

(4) 完善的手术过程管理,详细记录术中事件及用药记录。

(5) 与电子病历、HIS、LIS、PACS 等系统无缝连接,实现信息共享,在手术室里就可以随时调阅手术病人的检验数据、影像数据、既往病史等资料,以提供决策支持依据。

(6) 在手术过程中出现紧急情况时,系统全程记录各种突变,可以事后重现临床各种数据变化,避免医疗起诉举证困难的情况。

(7) 术后复苏病人监控,保证病人安全离开手术室。

(8) 完善的麻醉药品、试剂和耗材的管理,减少管理低效导致的浪费。

(9) 辅助完成术前、术中、术后器械清点。

(10) 保存大量临床手术与麻醉数据,方便诊疗、科研及教学。

(11) 辅助科室管理,提供多种统计分析报表。

7.3.11 冠心病监护信息系统(CCU)/重症监护信息系统(ICU)

冠心病监护信息系统(CCU)及重症监护信息系统(ICU)主要应用在医院的监护病房。医院监护病房或病房中的监护床往往有许多监护仪、呼吸机等设备,现代医院所应用的设备已经大量采用了数字化技术,这些设备不仅能够完成对检测的心电、呼吸、脉搏等数据进行分析,在出现异常情况时自动报警,许多产品还具有联网传输监护数据的功能,这些实时记录的心电图、呼吸数据、血压等信息对临床医生掌握病情是非常有意义的。

监护信息系统可以从监护设备所配备的数据处理工作站或通过网络直接采集监护仪产生的数据,存储和显示病人的这些生命体征信息。临床监护信息的使用者主要是医生和护士,因此监护信息系统的功能往往也必须与病房的医生工作站或护士工作站紧密结合。系统将采集到的病人生命体征信息与医院的各种检验、检查信息一并提供给医生和护士,以便他们及时对重症病人做出诊断并且做出恰当的治疗方案。

7.3.12 心电信息管理系统

由于心电图显示模式的特殊性,心电信息系统联网的很少,大都采用单机打印心电图的方式,事后不保存心电检查信息,这造成临床医生无法实时浏览心电检查信息,每次都需要重新检查。目前生产心电图设备的厂家众多,接口不统一,而且心电数据的存储、传输、分析格式等在国际上还没有形成统一的标准，比较有名的有 MFER 标准和 SCP-ECG 标准。随着通信技术的发展，心电远程诊断技术日新月异，从最开始的电话，到后来的 Internet，再到现在的 GPRS 等心电远程监护有了极大的进步，方便了临床医生对病人的心电信息的快速获取和记录，心电图信息系统也得到了发展。

7.3.13　移动医护工作站

传统的医院信息系统都是以有线联网的方式为用户提供服务的。移动医护工作站应用无线网络技术，通过无线网络保持与整个信息系统网络实时连接，将病人信息从医生办公室和护士站带到了病人的床旁。移动医护工作站按照病人床旁的信息需求开发，医生可以在病床旁查阅病人病历，可以直接下达医嘱；护士可以在病床旁提取病人医嘱，执行医嘱，可以将采集到的病人的体温、脉搏等信息直接录入到系统中。移动医护工作站的应用彻底解决了在哪发生的信息在哪录入的问题，减少了对纸张的依赖。

7.3.14　静脉药物配置信息系统

为了降低给药错误，20 世纪 60 年代末，国外许多医院开始探索静脉药物配置的最佳方式及程式化管理。对静脉输液加药配置采用统一配置、集中管理的方式，即静脉药物配置中心（Pharmacy Intravenous Admixture Service，PIVAS）模式。静脉药物配置信息系统就是在此基础上诞生的。

静脉输液是临床上常用的一种治疗手段，长期以来都是在病房的治疗室中进行配置的。由于治疗室的条件有限，某些药物在进行配置的过程中会对配置人员的健康产生危害，药师对配置的药品也无法即时监控，难以发挥药师在临床用药中的作用，而且输液用的药品从药房领取存放在治疗室中，易造成药品流失，不利于药品的管理。而 PIVAS 作为一种先进的静脉配置技术和管理模式，可以解决以上种种问题，强调安全、有效、合理、经济地用药，值得大力推广。近年来，PIVAS 在国内的一些大医院也有了较多的应用和推广。

PIVAS 信息系统的工作流程一般如下：临床医生根据病人情况开立医嘱→医嘱由系统传输到配置中心→药师审核输液间的相容性、稳定性、配伍禁忌及合理性，确认以后组方分批建立标签→打印标签，由技术员在准备间摆药→药师核对后系统收费→药品发送→病区接收药品。最后，护士核对后为病人输液。该系统一般包括 PIVAS 医嘱处理、PIVAS 库房管理、药品维护、药品查询和统计报表五大功能模块。

PIVAS 信息系统的使用，为 PIVAS 提供了及时、准确的数据，减少了工作人员的手工操作，大大提高了工作效率与准确率；在医生与药师之间建立了良好的电子沟通渠道，加强了药师对临床用药的监管力度，使病人的用药更加合理，杜绝药品禁忌的出现；为药库管理人员提供及时的药品信息，使静脉药物配置中心药库管理更加科学、规范；减轻了临床护士的日常治疗工作负担，提高了护理质量。

7.3.15　临床路径

目前对临床路径（Clinical Pathways，CP）是由医院某领域的专家，根据某种疾病或某种手术方法，制定一种大家认可的治疗模式，让病人由住院到出院都依此模式来接受治疗，并依据治疗结果来分析评估诊疗效果，控制医疗成本及提高医疗质量。

　　临床路径是一种事先写好的文件,用以描述对特定类型的病人提供多学科临床医疗服务的方法,并出于持续评价和自我不断完善的目的,需要记录路径执行中出现的异常情况和差异,进而作出解释。通常情况下,临床路径用工作流程图的方式表示。它强调时间性,是医务人员在医疗活动中可操作的时间表。

　　临床路径是控制医疗成本的有效工具,也是一种管理系统。它既可追踪病人由住院到出院每天的治疗过程,让病人顺着临床路径建议的治疗方式接受管理,同时也是医疗系统中成员间互相沟通的枢纽。临床路径可加强医疗计划的连续性,促进医疗体系间的合作。

本章小结

　　医院信息系统内容丰富,涉及面广,以临床信息系统为中心,为患者提供临床医疗、护理服务;以医院管理信息系统为纵轴,实现对医院人流、物流、财流的综合管理。其核心层是电子病历,实现病人信息的采集、加工、存储、传输、预警和服务。为了确保医院信息系统的质量,保护用户的利益,国家卫生部门特制定 2012 版规范作为医院信息系统实施的基本标准,而其中数据的规范管理和标准化又是医院信息系统成功的关键。医院信息系统不但可以协助医务人员开展临床工作,而且有助于教学、科研等活动的有效开展,能够带来崭新的医疗模式、先进的管理理念,同时也将对医疗服务质量的进一步提高、医疗事故和医疗纠纷的减少、医疗行为的规范、新型医患关系的建立等起到有力的推动作用。医院信息系统拥有着广阔的发展前景,并已成为必然趋势。

习题与自测题

简答题

1. HIS 具有哪些主要功能?医院实施 HIS 有何意义?
2. 制定《医院信息系统基本功能规范》的目的是什么?
3. 电子病历有哪几种常用术语,它们各自的含义是什么?
4. 纸质病历有哪些缺陷?
5. 为什么说电子病历是临床信息系统的核心?简述之。
6. 简述 CIS 与 HMIS 的区别与联系。
7. 简述临床信息系统(CIS)的组成。
8. 医学信息系统有哪些标准协议,应用于临床信息系统的有哪些?

【微信扫码】
相关资源 & 习题解答

参考文献

[1] 教育部高等学校大学计算机课程教学指导委员会.大学计算机基础课程教学基本要求[M].北京:高等教育出版社,2016.

[2] 周金海,印志鸿.新编大学计算机信息技术教程[M].南京:南京大学出版社,2015.

[3] 张福炎,孙志辉.大学计算机信息技术教程(2017版)[M].南京:南京大学出版社,2020.

[4] 施诚. 医院信息系统[M].北京:中国中医药出版社,2009.

[5] 王爱英.计算机组成与结构(第5版)[M].北京:清华大学出版社,2013.

[6] 谢希仁. 计算机网络(第7版)[M].北京:电子工业出版社,2017.

[7] 肖庆. 计算机网络基础与应用[M].北京:人民邮电出版社,2013.

[8] 周金海,等. 人工智能学习辅导与实验指导[M]. 北京:清华大学出版社,2008.

[9] 冯天亮. 数据库原理及其医学应用[M].北京:电子工业出版社,2014.

[10] 王珊,萨师煊.数据库系统概论(第五版)[M].北京:高等教育出版社,2014.

[11] 李月军. 数据库原理与设计(Oracle版)[M].北京:清华大学出版社,2012.

[12] 屠建飞. SQL Server 2008数据库管理[M].北京:清华大学出版社,2012.

[13] 温川飙. 中医临床数字化数据规范[M].四川:四川科技出版社,2015.

[14] 胡铮.电子病历系统[M].北京:科学出版社,2011.

[15] 龚沛曾,杨志强. 大学计算机(第6版)[M].北京:高等教育出版社,2013.

[16] 王志军,柳彩志. 多媒体技术及应用(第2版)[M].北京:高等教育出版社,2016.

[17] 胡晓峰,吴玲达,等. 多媒体技术教程(第4版)[M].北京:人民邮电出版社,2015.

[18] 国家卫生计生委关于印发"十三五"全国人口健康信息化发展规划的通知,2017.

[19] 曹晓兰,彭佳红.多媒体技术与应用[M].北京:清华大学出版社,2012.

[20] 代涛. 医学信息学的发展与思考[J].医学信息学杂志,2011 - 06 - 20.

[21] 董建成. 医学信息学的现状与未来[J].中华医院管理杂志,2004.

[22] 徐一新,应峻,董建成. 医学信息学的发展[J].中国医院管理,2014.

[23] 关延风,马骋宇.基于电子病历的医疗信息隐私保护研究[J].医学信息学杂志,2011.

[24] 张会会,马敬东,邸金平,等.网络健康信息质量评估研究综述[J].医学信息学杂志,2014.

[25] 姜彬彬.多媒体技术实用教程(第二版)[M].北京:清华大学出版社,2014.

[26] 教育部考试中心.全国计算机等级考试二级教程[M].北京:高等教育出版社,2020.

[27] 计算机等级考试试卷汇编与解析(全真模拟)[M].苏州:苏州大学出版社,2018.